探索奥秘世界百科丛书

探索神奇自然奥秘

谢宇　主编

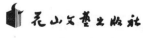

花山文艺出版社

河北·石家庄

图书在版编目（CIP）数据

探索神奇自然奥秘 / 谢宇主编. — 石家庄 ： 花山
文艺出版社，2012（2022.3重印）
　　（探索奥秘世界百科丛书）
　　ISBN 978-7-5511-0669-6

Ⅰ．①探… Ⅱ．①谢… Ⅲ．①自然科学－青年读物②
自然科学－少年读物 Ⅳ．①N49

中国版本图书馆CIP数据核字(2012)第248724号

丛 书 名：探索奥秘世界百科丛书
书　　名：探索神奇自然奥秘
主　　编：谢　宇
责任编辑：尹志秀　甘宇栋
封面设计：袁　野
美术编辑：胡彤亮
出版发行：花山文艺出版社（邮政编码：050061）
　　　　　（河北省石家庄市友谊北大街 330号）
销售热线：0311-88643221
传　　真：0311-88643234
印　　刷：北京一鑫印务有限责任公司
经　　销：新华书店
开　　本：700×1000　1/16
印　　张：10
字　　数：150千字
版　　次：2013年1月第1版
　　　　　2022年3月第2次印刷
书　　号：ISBN 978-7-5511-0669-6
定　　价：38.00元

前　言

　　我们生活的世界，是个十分有趣、错综复杂而又充满神秘的世界。然而，正是这样一个奇妙无比的世界，为我们提供了一个领略无穷奥秘的机会，更为我们提供了一个永无止境的探索空间……

　　在浩瀚的宇宙中，蕴藏着包罗万象的无穷奥秘；在我们生活的地球上，存在着众多扑朔迷离的奇异现象；在千变万化的自然界中，存在着种种奇异的超自然现象。所有的这些，都笼罩在一种神秘的气氛中，令人费解。直到今天，人们依旧不能完全揭开这些未知奥秘的神秘面纱。也正因如此，科学家们以及具有旺盛求知欲的爱好者对这些未知的奥秘有着浓厚的探索兴趣。每一个疑问都激发人们探索的力量，每一步探索都使人类的智慧得以提升。

　　为了更好地激发青少年朋友们的求知欲，最大程度地满足青少年朋友的好奇心，最大限度地拓宽青少年朋友的视野，我们特意编写了这套"探索奥秘世界百科"丛书，丛书分为《探索中华历史奥秘》《探索世界历史奥秘》《探索巨额宝藏奥秘》《探索考古发掘奥秘》《探索地理发现奥秘》《探索远逝文明奥秘》《探索外星文明奥秘》《探索人类发展奥秘》《探索无穷宇宙奥秘》《探索神奇自然奥秘》十册，丛书将自然之谜、神秘宝藏、宇宙奥秘、考古谜团等方面最经典的奥秘以及未解谜团一一呈现在青少年朋友们的面前。并从科学的角度出发，将所有扑朔迷离的神秘现象娓娓道来，与青少年朋友们一起畅游瑰丽多姿的奥秘世界，一起探索令人费解的科学疑云。

　　丛书对世界上一些尚未破解的神秘现象产生的原理进行了生动的剖析，揭示出谜团背后隐藏的玄机；讲述了人类探索这些奥秘的进程，尚存的种种疑惑以及各种大胆的推测。有些内容现在已经有了科学的解释，有些内容尚待进一步研究。相信随着科学技术的不断发展，随着人类对地球、外星文明探索的进展，相关的未解之谜将会一个个被揭开，这也是丛书编写者以及广大读者们的共同心愿。

丛书集知识性、趣味性于一体，能够使青少年读者在领略大量未知神奇现象的同时，正确了解和认识我们生活的这个世界，能够启迪智慧、开阔视野、增长知识，激发科学探寻的热情和挑战自我的勇气！让广大青少年读者学习更加丰富全面的课外知识，掌握开启未知世界的智慧之门！

朋友们，现在，就让我们翻开书，一起去探索世界的无穷奥秘吧！

编者
2012年8月

目　录

神奇的生命起源之谜

◉　◉　◉　◉　◉　◉　◉　◉　◉　◉

在广阔的自然界里，生存着种类繁多、千奇百怪的各种生物。在四十多亿年前，地球上就出现了最早的生命——微生物，又称"原始生命"。到目前为止，人类已知的世界上现存的动物有一百一十多万种，植物和微生物五十多万种。那么这些生物是怎样产生的？生命到底源自何处？虽然科学家们对此提出了各种不同的假说，但生命起源问题仍是迄今为止尚未解开的一个谜团。

人类最初对生命起源问题的研究，有"独创论""自然发生论""生命永恒论"等多种理论，这些理论或认为生命由上帝创造，或自然而然产生，或源于生命。直至后来出现达尔文的进化论之后，人们才逐渐找到了认识生命起源问

题的正确途径。

19世纪中叶，人们发现核酸和蛋白质是构成生物的基础。蛋白质是构成生物体的主要物质之一，是生命活动的基础。核酸则是生命本身最重要的物质，没有它，机体就不能繁殖，也就不会出现新的生命。也就是说，生命是物质的，是物质发展到一定阶段的产物。

20世纪20年代，俄国生物化学家奥巴林和英国生物学家霍尔登，对此又提出了一种新的观点。他们认为，地球上的生命是在地球的诞生和进化过程中，通过化学演化而产生的。他们还同时认为生命的化学演化需要经过三步：化学演化阶段；低分子有机化合物生成高分子有机化合物阶段；自我复制和繁殖构成原始生命体阶段。

谁来揭开生命起源的奥秘

1952年，美国化学家米勒做了一个非常著名的实验，就是"尤里—米勒实验"。他模拟原始地球的外部条件，把原始大气放入曲颈大瓶中，并从下部送入水蒸气，来模拟海水蒸发的情景，而使用的"原始大气"的成分则是由美国化学家尤里计算后确定的，这个实验成功地把"原始大气"中的简单分子合成为构成生命的复杂的有机物质。

随着研究的成功，美国迈阿密大学的霍克斯博士于1980年做了一个实验，他把一种无生命的"类蛋白"粉末，放在清水中略微加热后，这些粉末就变成微小球，并且移动连接在一起，更为惊奇的是，这些微小球会"吃掉"尚未成微小球的"类蛋白"粉末，而长出新的微小球来。他认为，这些微小球可能就是原始细胞，它们跟细菌的大小相似，在显微镜下像个中空的球状体，壁上有多层膜结构，中心有一些类蛋白分子，可分解和合成，也能"出芽"和"分裂繁殖"。这个实验真实地向人们再现了四十多亿年前，地球原始生命的出现情景。但仍有许多人对霍克斯博士的说法表示怀疑，他们认为，在活细胞当中，其最基本的自我复制结构是DNA，而微小球当中并没有DNA，它能复制生命吗？

由此可见，生命起源问题至今也未被破译，仍需科学家们去探索。

空气中的隐士

◉ ◉ ◉ ◉ ◉ ◉ ◉

生命每时每刻都离不开空气。然而你是否意识到，即使在无云无烟，看来最干净的日子里，空气中也充满了一些用肉眼看不见的"隐士"——固体和半固体物质：病毒、孢子、细菌、花粉、烟及尘的微粒等。

这些微粒无论是在体积、化学成分还是在构造上，都大不相同。大的颗粒甚至会打在脸上让人感觉到疼，而另外一些小的颗粒则有可能飘荡很远，等风停后才停下来，甚至有的干脆就无限期地悬浮在空中，除非被雨雪洗下来。花粉微粒直径大约为25微米；细菌为2～30微米不等；病毒不到1微米；炭烟微粒，可能小到只有1/200微米。

影响空气中微粒数量的因素很多，火山爆发、尘暴、水以及温度的变化等，这些都有可能影响空气质量。这也是为什么同一个城市，不同时期甚至只相隔一两天，空气质量会有相当大差别的缘故。

流星雨的出现，也会增加空气中的尘埃数量，甚至于全世界的雨量。流星雨在进入大气外围的时候会因摩擦生热而产生尘埃，这些尘埃随后飘到大气低层云系，变成凝结核，化成冰晶或者雨点。观察所得的结果也证实了上面的理论，每当流星雨过后大约一个月，世界上的降雨量就会增加，而不是严格按照季节变化。

森林大火也会影响空气中异物的数量。火灾形成的上升气流力量极其强大，会把烟和尘升到很高，由于烟尘质量较小，就有可能飘到很远，甚至做"环球旅行"。

孢子也是空气中的有害物质之一。它是真菌的繁殖体，真菌包括霉菌、酵母菌、植物梅菌、马勃等等。孢子有点类似于散落的植物种子，不同的是植物种子带来的是植物的延续，而孢子传递了真菌。多数的孢子不仅对人体有害，还会引起食物的腐败、植物的病害等不良后果。

此外还包括细菌和病毒等微生物。病毒时常会通过空气传播，让人和动物染上各种疾病，如伤风、天花、流行性感冒等。相对来说，细菌要好一些，细菌并不全是捣乱份子，大多数的细菌其实都能为人类服务，比如有的细菌能够把腐败的东西分解成营养物质，还有的细菌能把空气中的氮转化为土壤中的养分。

微观的大气层是我们看不见的世界，其中的复杂变化，实在是有很多的奥秘呢！

吃人陷阱之谜

◉　◉　◉　◉　◉　◉

看过电影《新龙门客栈》的朋友，一定还记得女主人公一点点消失在流沙漩涡中那一幕，活生生的人就在众人的眼前被沙"吃"掉了！为美丽的女主人公慨叹之余，人们不禁会问：是真的吗？

千真万确！惨剧就发生在奥基乔比湖。

这是一个夏日的早晨，位于美国佛罗里达州奥基乔比湖南面的一片低洼的沼泽地，沐浴在明媚的阳光下，除了偶尔微风吹动树叶的"瑟瑟"声，便是一片静寂。这时，在一条差不多已干涸的、被河沙所覆盖的溪流上，走来了两个人——生物学家博林和汤姆逊，他们兴致勃勃地来这儿考察寄生植物。

这里清新的空气，美丽的景色，让他们心旷神怡，丰富多彩的植物，引起了他们莫大的兴趣。他们背着装满标本和食品的背包，边走边欣赏着美丽的景色。走着走着，突然，走在前面的汤姆逊惊叫起来。只见他脚下踩着的沙地硬壳，竟怪异地裂开了，他的整个身体正往下陷，汤姆逊本能地挣扎着向前迈了几步，希望能踏上坚实的地面，可是每走一步都使他陷得更深，像软泥似的沙很快就没到了他的膝盖。

"救命啊！"汤姆逊大喊一声。

此时，博林警觉地意识到自己若空手跑过去，必定是既救不了同伴，还可能使两人同陷险境，而附近几千米内又无人迹可寻，急切中，他找来一根树枝，可是，这时流沙已没过了汤姆逊的大腿。汤姆逊失去了重心，慢慢地向前倾倒，流沙迅速地埋到他的胸部。等博林的树枝伸到他面前时，他已无法伸出手了，而流沙还在不停地把他往下吸。绝望中他发出了最后一声尖厉恐怖的叫声，随即为流沙所掩埋。博林惊愕地待在了原地，他无法相信眼前的事实，因为面前一片干燥而平坦的沙地上，似乎什么事情也没发生过。

1945年4月，一西方盟军货车队经过威玛市时，突然遭到敌人的袭击。领头车慌忙中掉转方向，忽然觉得车身在下沉。"流沙！"司机卡勒立刻感到自己在匆忙中选择了一条绝路。他连忙攀上车顶，爬上货堆，使尽全身力气，向着公路纵身一跃。在路旁野草的帮助下，挣扎着爬出了已埋到他双膝的吃人陷阱。待他定下神回头看时，他的汽车已踪迹全无。

一系列接连不断的"流沙吃人"事件，引起了人们的注意。为什么有些沙地无论人畜、车辆都能平安通过，而有些沙地却成了可怕的"吃人陷阱"呢？

传说"流沙吃人"后平坦的沙地看起来似乎像是什么事情也没发生过

龙卷风之谜

◉ ◉ ◉ ◉ ◉

龙卷风是一种可怕的风暴，虽然在世界各地都有发生，但在美国出现的次数最多。1954年，美国小城达文港下了一场蔚蓝色的夜雨。在许多国家还经常发生这样的事：晴朗的日子里，天上突然撒下许多麦粒和橙子；有时又会随雨滴落下青蛙和鱼……这些看起来不可思议的现象，其实都是龙卷风的恶作剧。

龙卷风若发生在水面，称为"水龙卷"；发生在陆地上，则称为"陆龙卷"。龙卷风外貌奇特，它上部是一块乌黑或浓灰的积雨云，下部是下垂着的形如大象鼻子似的漏斗状云柱，具有"小、快、猛、短"的特点。水龙卷直径25～100米，陆龙卷直径100～1000米。其风速到底有多大，科学家没有直接用仪器测量过，但根据龙卷风在其所经过的区域内做的"功"来推算，风速一般为每秒50～100米，有时可达每秒300米，超过声速。它像一个巨大的吸尘器，经过地面，地面的一切都要被它卷走；经过水库、河流，常卷起冲天水柱，有时连水库、河流的底部都露了出来。同时，龙卷风又是短命的，往往只有几分钟或几十分钟，最多几小时，一般移动几十米到一万米左右便"寿终正寝"了。全球平均每年发生龙卷风上千次，数万人丧生，其中美国出现的次数占一半以上。1974年4月3日，在美国南部发生了一场龙卷风，风速从每小时100海里加大到300海里，卷走了329人，使4000多人受伤，2.4万个家庭遭到不同程度的损失。亚

洲、欧洲和大洋洲也是龙卷风多发地区。世界各国都很重视对龙卷风的研究，但龙卷风之谜一直未能彻底解开。

龙卷风的形成一般与局部地区受热引起上下强对流有关，但强对流未必会产生龙卷风。苏联学者维克托·库申，提出了关于龙卷风成因的一种新理论：当大气变得像"有层的烤饼"时，里面很快形成暴雨云——大量的已变暖的湿润的空气朝上急速移动，与此同时，附近区域的气流迅速下降，形成了巨大的漩涡。在漩涡里，湿润的气流沿着螺旋线向上飞速移动，内部形成一个稀薄的空间，空气在里面迅速变冷，水蒸气冷凝，这就是为什么人们觉得龙卷风像雾气沉沉的云

柱的原因。但在某些地区的冬季或夜间，没有强对流或暴雨云，龙卷风也经常发生，这又怎么解释呢？

并且龙卷风还有一些"古怪行为"，使人难以捉摸：它席卷城镇，捣毁房屋，把碗橱从一个地方刮到另一个地方，却没有打碎碗橱里的一个碗；吓呆了的人们常常被它抬向高空，然后又被它平平安安地送回地上；有时它拔去一只鸡一侧的毛，而另一侧却完好无损；它将百年古松吹倒并扭成纽带状，而近旁的小杨树连一根枝条都未受到折损。

人们对龙卷风的形成及危害进行了多年的研究，但仍有很多谜底没有揭开。

地震之谜

◉ ◉ ◉ ◉

地震，是对人类危害最大的自然灾害之一。我国2008年5月12日发生在四川汶川的大地震，造成八万多人丧生，一万多人失踪。地震犹如一个庞大怪兽，不仅夺走数以万计人的生命，而且在瞬间毁灭无数财产。同时，它还会引发火灾、海啸、水灾、山崩、地陷、火山爆发和瘟疫等灾害，其情景骇人惊世。

《诗经》上就有对公元前780年西周大地震的记载："烨烨震电，不宁不令，百川沸腾，山冢崒崩，高岸为谷，深谷为陵。"《银川小志》上则有古人对地震前兆的总结："大约冬春居多，如井水忽浑浊，炮声散发，群犬围吠，即防此患。"我国古代科学家，在地震仪器上有着伟大的创造发明。世界上第一台观测地震的仪器——地动仪，就是在公元132年由我国的张衡发明的。这一仪器要比外国同类仪器早诞生近1700多年，它"以精铜铸成，圆径八尺，合盖隆起，形似酒樽"。公元138年3月1日，它的西方龙嘴张开，成功实测出陇西地震，成为当时遥遥领先于世界的一项伟大发明，至今仍被中外科学家研究和宣传。人类通过地震史料的研究和对历次地震的观察，试图揭开地震"怪兽"神秘的面纱，认为地震是可以预测、预报的，人类具有防震和抗震的能力。为此，人类开设了震因学、震史学和震兆学，推动了地震科学技术的形成和发展。

地震也叫地动，是指因地球内部的巨大压力使岩石断裂、移动而引起的震动。它是地壳运动的一种表现，大致分为构造地震、火山地震和陷落地震三类。震源可在陆地，也可在海洋。为了防御地震的突然袭击，许多国家建立了相应的管理机构和研究所，加强地震预测、预报工作，提高人类自身的抗震能力。我国在河北邢台发生大地震后，按周恩来总理的指示，于1970年成立了国家地震局，使我国成为当今世界上，唯一由国家组织，在全国范围进行地震监测预报的国家。

在地震预报方面，世界上起初仅有长期和短期预报。随着现代科技的发展，人们发明了多种地震监测仪器。目前，各个大陆已有五百多个大型联网地震仪站，便于及时、准确地捕捉地震的行踪。我国建立了约900个小型地震及各类前兆观测台站，21个区域及地方遥测地震台网，10个数字地震仪台站，并布设了3万千米形变、重力及地磁流动测线，形成了相当规模的观测系统，并建立了全国及区域通信系统。目前，人们可以通过地面形态、地下水、地磁场、重力场、地温、地应力的变化和地声、地光、地震云等现象，对地震做出成功的预测和预报。1976年龙陵地震前，一位值班员看到天空出现一条橘红色的光带，他立即判断这是地光，并迅速拉响警报器，及时疏散人员，避免了地震伤亡事故。同样，1979年日本奈良市键田忠市长，在访问我国期间，在北京饭店看到条带状云，从而与我国地震工作者一样，用地震云预测到江苏溧阳地震。我国1995年东海海域7.3级地震的预报成功，被联合国教科文组织列为，国际上唯一成功预报破坏性地震的事件。我国地震预报水平处于世界前列。

作为一门学科，地震学目前尚不尽完善，地震预报仍有相当的难度。如汶川地震的突然袭击，就给人们带来了严重的生命损失和心灵创伤。但是，随着科学技术的不断发展，地震已作为重要的内容，列入自然灾害系统研究工作。我们相信，人类可以防御这一灾害，也最终能准确无误地在地震发生前拉响警报。

唐山地震七大谜团

◉ ◉ ◉ ◉ ◉ ◉ ◉ ◉

1976年7月28日，对所有唐山人来说是一个黑色的日子。大地震将唐山这座有百万人口的城市，在数十秒内夷为平地，65万多间房屋倒塌，24万生灵在睡梦中被废墟掩埋，16万多人重伤。

南京地质学校高级讲师李泰来向记者讲述了在唐山大地震后考察的惊人发现。

李泰来的外甥、外甥女，不幸在地震中遇难，当时在南京地质学校工作的他，立即向单位请假，乘火车赶往唐山，从事地质研究的他，也很想看看究竟是怎么回事。

李泰来的弟弟也是研究地质的，两人的想法不谋而合。两人扛起相机，骑着自行车在唐山市开始了地震考察。一个星期考察下来，发现了很多奇怪的现象，而这些现象用传统地震学理论根本无法解释。

当时唐山地震烈度为11度，唐山市的厂房和住宅几乎全被破坏，而有一些建筑却完好如初。

现象一：所有的树木、电线杆直立如初，均未直接受损。例如唐山市内65米高的微波转播塔，巍然屹立于大片废墟之中，而且震后两个微波塔之间仍可直接、准确地传递电视信号。

现象二：唐山的人防坑道除个别有小裂纹外，其他均未受到破坏。

现象三：在唐山地震中，绝大部分人是因为建筑物坍塌受害。

现象四：唐山地震后的地面、路面，除个别地区受采空区塌陷或其他影响出现局部起伏外，绝大部分地面、路面完全如震前，很少出现波浪起伏现象。

现象五：唐山启新水泥厂的一栋三层库房，一楼二楼基本完好，三楼的所有窗柱却全部断裂。而且旋转方向和角度各不相同，现存旋转角度最大的一个右旋达40度，旋转角度更大的当时即已脱落。

现象六：建筑体的破坏，尤其是砖石结构和水泥制件的破坏，一般都是分段裂开四面开花崩塌。整体歪斜的现象很少。

现象七：唐山公安学校有三栋三层楼房。形状相同，相互间隔10米平行排列。在地震中南面一栋完全塌平，中间一栋只是部分散落。而即使在一栋房中，有的是第一层破坏比较严重，有的是第二层，有的是第三层。为什么同一区的受震程度会有如此偏差？

所有这一切现象，都使李泰来给传统的地震学理论打上了大大的问号，也激发了他的好奇心。之后他又两次赴唐山考察，并开始认真收集相关资料。

过去的地震学理论认为地震波分为纵波、横波两种，地震破坏主要是横波造成的。可是，李泰来发现此理论根本无法解释在唐山地震现场发现的种种现象。

理由一：根据横波破坏原理，高的建筑物（重心较重）在地震破坏对象中首当其冲。

理由二：在地震现场考察中发现，地震断裂均具有旋转性，而纵波、横波的振动是没有旋转性的。

理由三：不论横波还是纵波，它们的传播都是连续的，强度是渐变的，从震中向外逐渐衰减。因此，在此同一震区内，同样的建筑物受破坏程度大致相同。可是在唐山地震中出现的现象并非如此。

根据对震波的应变分析，李泰来发现扭波才是地震破坏的元凶。1979年，在南京地震学会年会上，李泰来发表了《扭波与抗震》的论文，引起与会者的一阵轰动。在1996年第三十届国际地质大会上，其以扭波为主题的发言也引起了代表们的注意。

李泰来指出，扭波与纵波和横波乃"同卵三胞胎"，其中纵波传播速度最快，其次为横波，最后为扭波。纵波使物体产生上下振动，横波使物体前后摆动，两者的破坏性都不大。但是，扭波一到，则把物体从内部扭散扭断，随即垂直坠落，造成巨大破坏。有了扭波，在唐山地震现场发现的怪异现象便全部迎刃而解了。李泰来说："我们是世界上最早发现扭波的。这个理论在世界上仍处于领先地位！"

在研究出地震扭波理论后，李泰来趁热打铁进行了抗震理论的研究，因为扭波不能通过流体和柔性物体，他提出了"轮胎"理论，即采用柔性材料如橡胶作为建筑体的"轮胎"，阻止扭波进入建筑体，从而达到防震的作用。他还针对扭波拟定了具体的防震、抗震措施。

在对扭波的研究中，李泰来还惊奇地发现：中国的很多古典建筑如宫殿、庙宇、木塔等，全部具有除"地下"以外的七种抗震性能，它们都是世界上抗震性最强的地上建筑物（位于山西的应天塔就是一个典型）。

但是，让李泰来觉得遗憾的是，自从1979年发现扭波理论以来，由于经费、人手等原因，更由于扭波理论对传统地震理论的大胆否定，时至今日，扭波理论仍未得到应有的重视。

奇异的地震云之谜

我国清代康熙二年（1663）出了一本《隆德县志》，书中第一次提到了地震和云彩的关系。作者在这本书中对地震前兆进行了总结，其中有一条就讲了地震云的问题，书中写道："天晴日暖，碧空晴净，忽见黑云如缕，宛如长蛇，横亘无际，久而不散，势必地震。"当然限于当时科学技术水平，人们对该书的记载未能予以注意。

在与我国一衣带水的邻邦——日本，也曾经有人见到过地震云。这个人不是专业地震工作者，而是曾任过日本奈良市市长的键田忠三郎。

利用地震云来预报地震，引起了学术界的重视。由于这种方法观察方便，无需任何设备，所以不仅受到专业地震工作者的重视，一些业余爱好者也都跃跃欲试，想验证一下这种方法的正确程度。

作为一种新的方法，键田忠三郎也遇到了挑战。日本有一个"地震预报联络委员会东海地区判断会"，是日本地震预报的最高权威机关，该会的专家认为，这种方法只能在社会上引起混乱，没有任何科学价值。东京大学教授荻原尊礼认为，这种方法中讲的地震云纯属巧合。连日本气象厅主管地震问题的专家，也说键田忠三郎统计的地震，有的远离日本本土，有的发生在海底数百千米深的地方，其前兆不可能在日本本土上空的大气层中有反映。

地震云是出现于天空的云彩，为什么有的人能从普通的云彩里，发现与地震有关的地震云？什么形状的云彩与地震有关呢?

我国古代除了《隆德县志》以外，清人王士祯在其所著的《池北偶谈·卷下》中"地震"一节里，谈到1668年7月25日，山东郯城8.5级地震时，记有："淮北沭阳人，白日见一龙腾起，金鳞灿然，时方晴明，无云无气。"这里说的龙，看来也是《隆德县志》中"悔云如缕，宛如长蛇"的长蛇状带状云，阳光一照，便显得金光灿烂，我国古代的许多县志和史书都有这样的记载。

我国地震研究工作者发现，地震云颜色复杂，多呈复合色，一般有铁灰、橘黄、橙红等。地震云多出现在凌晨或傍晚，分布方向与震中垂直，有的人根据这个规律曾经成功地预报了地震的震中位置。我国地震学者吕大炯，汇总了一定范围内的地震云，并制成了地震云分布图，在这张分布图上，他确定了地震云垂线交汇点的地面投影位置，并认定这里是地震可能发生的地带。我国20世纪70年代地震研究的实践证实了吕大炯的推测。吕大炯还认为，这种地震云在时间上既可以和近期地震相对应，也可以和远期地震活动相对应。在空间上，既可以和近距离的地震相对应，也可以和远距离的地震相对应。例如，太平洋彼岸的墨西哥8级地震和西半球的亚速尔群岛地震，都影响到了北京地区的大气层，有人在几天以前就观察到了云彩的异常变化。

除了常见的条带状地震云外，还有一种地震云呈辐射状。这种云从某一点向外呈指条状辐射，它主要出现在早晨和傍晚，由于霞光的关系可以有不同的颜色，云的辐射中心多位于震中的上空，因此，从邻近地区常常看不到它的全貌，而只看到几条向中心汇聚的指条状云。这种地震云可能主要与近距离的地震有关。

还有一种云，地震学家给它取名为肋骨状云。这种云像是一些排列整齐的肋骨，沿一方向呈宽带状分布。它可能是长蛇状云的"宽化"，很可能是由于同时来自大致相同方向的两次地震共同激发的结果。

1923年，日本又发现了一种更奇怪的地震云，东京人称它为

"妖云"。

1923年8月27日，在日本西南部的石垣岛和冲绳岛之间，出现了越来越低的低气压。三天之后形成台风，移向九州岛西南部。与此同时，名古屋市也出现低气压，到8月31日，这种低气压形成的大风猛扫江之岛一带，这时，天空出现奇怪的红色，太阳也好像比平时大了一倍。9月1日早晨，大风刮到了东京北部。上午10时，东京上空出现形状特殊的浓云。云体肥大，很像在风中摇曳的鸡冠花。接着是急促的狂风暴雨，云量增加，风速进一步增大。后来，当风突然转向时，东京发生了8.3级大地震。几乎毁灭了东京，波及横滨及周围许多城镇。仅东京一地就有近六万人死亡。

地震云成因之谜

地震云是怎样产生的呢？

日本是地震云记载最多的国家之一，所以日本学者率先对它进行了解释。

日本九州岛大学真锅大觉副教授认为，地震之前，地球内部积聚了巨大的能量，并促使地热升高，加热空气，使其成为上升的气流，以同心圆状扩散到同温层，使1000米高空的雨云形成细长的稻草绳状的地震云。

真锅大觉的理论中，有一些难以自圆其说的地方，我国气象地震研究人员从大气物理角度提出了质疑。

首先，同温层在对流层上面，距离海平面高度为一万多米。这个高度，一般上升的气流是达不到的。就是火山喷发、核弹爆炸，也只能使空气对流上升到对流层顶附近的高空。而且这种强烈对流，一般都是产生"塔状""柱状""蘑菇状"等垂直方向发展的对流体，不可能形成沿水平方向展开的横卧状的细长带状云，更无法解释这种长条状云为什么垂直震源方向分布。

其次，按照真锅大觉的理论，地震云应出现在地震震中的上空。根据我国大气物理学家顾震潮先生的理论，地震云距震中最远不超过3000米。然而据有关报道，有人在距离震中几千千米以外的地方，看到了地震云，甚至有人隔着半个地球的遥远距离，也看到了地震云。这又怎么解释呢？

第三，地球岩石的热传导是极其缓慢的，它通过10米厚的岩石至

少也要三年。那么，地球内部所积聚的能量，又是通过什么机制加热大气的呢？

针对真锅大觉的理论受到的挑战，我国学者吕大炯提出了下列解释理论：他认为地震云除了可能出现在震中区上空外，也可能出现在那些远离震中区而又有应力集中的断裂带上空。当这些应力本来就集中的断裂，受到远处震中区因震前容积增大而传递来的应力时，应力就更加集中了。断裂带上的强应力作用使岩石发生挤压摩擦，造成热量增加，于是，地下热流通过断裂不断溢出地面，并上升到高空，形成条带状地震云。

吕大炯还认为，地热传递给大气，不一定非通过从断裂带溢出的气流不可，还可以通过辐射的方式（如超高频或红外辐射），来加热断裂带上空的各种微粒，从而导致条带状地震云的产生。由于断裂带大多垂直震中的震波传递方向，所

以，由此产生的条带状地震云也是垂直来自震中的震波传递方向。

辐射状地震云是怎样形成的呢？吕大炯认为是由于震中处于某些应力高度集中的断裂交汇处，而且，应力随距离而衰减，因此，便形成了焦点对应震中的辐射地震云。

我国学者吕大炯的理论，虽然更好地解释了地震云的某些特征，但这些理论仍是推测性质的，至今还没有获得有关的实测数据，而对于那些相隔半个地球的远震地震云来说，它能否把应力传递过去，也实在令人怀疑。那些发生在海底的地震，更令人难以相信它们会引起地震云。

此外，1976年的唐山大地震，我国地震工作者在震中和非震区，都没有发现云彩有异常变化，更谈不上什么"地震云"。

地震云是不是真的存在呢？它又是怎样形成的呢？这些都还是难以准确回答的谜。

大漠中的绿色魅影之谜

"撒哈拉"位于非洲北部，西起大西洋，东到红海海边，从大西洋沿岸到尼罗河河畔的广大非洲地区，总面积大约有800万平方千米。由许多大大小小的沙漠组成，平均高度在200～300米之间，中部是高原山地。它的大部分地区的年降水量还不足100毫米，气温最高的时候可以达到58℃。

那么，撒哈拉大沙漠从古至今，难道一直是这样荒凉吗？

人们经过不断的探索之后，终于证明了撒哈拉大沙漠地区远在公元前6000年至公元前3000年的远古时期，是一片绿色的平原。那些早期居民们也曾经在那片绿洲上，创造出了非洲最古老和值得骄傲的灿烂文化。

19世纪中叶，德国探险家巴尔斯为我们拉开了它神秘的第一幕。

有一天，巴尔斯正在恩阿哲尔高原地区行走，一道高耸的岩壁出现在他面前，依稀可见那高高的岩壁上好像刻着许多岩画。巴尔斯走到岩壁跟前，看见那上边果然有好多图案。这些图案当中有马、人，竟然还有水牛的形象，而且那水牛的形象雕琢得特别清晰。巴尔斯感到非常惊讶：哎呀，这撒哈拉大沙漠里怎么会有水牛的岩画呢？这是怎么回事呢？巴尔斯下定决心要弄清楚这美丽的图画从哪里来。

不久，巴尔斯在撒哈拉大沙漠的其他沙漠地带，也发现了水牛的岩画。他忽然联想到：撒哈拉大沙漠里既然有水牛的岩画，就是说这里曾经生活过水牛这种动物，否则，人们不会凭空把水牛的形象刻画在岩壁上。既然这里有水牛的形象，就说明这里在远古时代，一定有水牛生存的必备条件，既然有水牛，一定有游牧民族在这里居住过。如果按此想法往下推理的话，撒哈拉大沙漠在远古时代，一定是个有水有草的大草原，一定是个绿洲了。巴尔斯越琢磨越兴奋……

1956年，法国科学家亨利·诺特带领着一支考察队来到撒哈拉大沙漠，在阿尔及利亚的阿哈加山脉和恩阿哲尔高原地区，他们忽然发现了一些古代的山洞和一条幽深狭长的隧道。在那里，他们找到了大约一万件壁画作品。这些壁画色彩丰富，包括古代游牧部落围剿野生动物的狩猎场面，还有形态逼真的大象、狮子、野驴、河马、犀牛、羚羊等诸多动物。

亨利·诺特他们还发现，这些壁画因为风格不同，年代不同，所以才重重叠叠地刻画在一块儿。这说明那时候，撒哈拉地区的人们，已经在这里生活了好几千年了。也就是说，那时候的撒哈拉地区正处在有水、有草、人兴畜旺的草原时

撒哈拉沙漠

代。那么，如果查明了这些壁画的创作年代，就能够确定撒哈拉的绿洲时代了。

至此，撒哈拉地区的绿色魅影展现在人们面前。那么撒哈拉的绿洲、撒哈拉的史前文明，又是什么时候衰落的呢？新的问题摆在探索者面前。

科学家们发现，大约在公元前3000年以后的撒哈拉壁画里，那些水牛、河马和犀牛的形象开始逐渐消失了。这就说明，那时候撒哈拉地区的自然条件正在发生变化。到了公元前100年的时候，撒哈拉地区所有的壁画行为几乎快要停止了，撒哈拉地区的史前文明也就开始彻底衰落了。

科学家们经过分析和研究，估计可能是由于那时候水源开始干涸，气候变得特别干旱，发生了饥荒和疾病。还可能是撒哈拉地区的草原发生了一系列灾难性的变化。

首先是气候突然变化，雨量迅速减少。一部分雨水落到干旱的土地上以后，很快就被火辣辣的太阳晒干了；另一部分雨水流进了内陆盆地，可是由于雨水量不多，也就滞留在了这里，盆地增高以后这些水就开始向四周泛滥，慢慢就形成了沼泽。经年累积，沼泽里的水分在太阳的照射下逐渐变干了，这样就形成了沙丘。这时候，撒哈拉地区的气候变化得更恶劣了，风沙也越来越猛烈。生活在这里的游牧民族根本没有环保意识，砍伐树木，没有节制地放牧，撒哈拉地区就这样慢慢变成了沙漠地带。

经过科学家们测定，山洞里的骆驼形象，大约是在公元前200年出现的。也就是说，至少在公元前200年的时候，撒哈拉就变成了一片茫茫的沙漠。从此，撒哈拉地区那曾经的繁荣和草肥水美，只能是这片茫茫大漠中的绿色魅影了。许多年以后，它还会出现在人类面前吗？

植物超人之谜

◉ ◉ ◉ ◉ ◉ ◉

有人把《红楼梦》誉为一部综合性的"百科全书"，实在是很贴切的。书中第九十四回，写了发生在大观园内的一件怪事：怡红院中，那些本该在3月开花的海棠树，在花木凋零的11月，却突然开满了鲜花。这一怪现象轰动了整个大观园，面对盛开的海棠，众说纷纭。有人说，恰逢季节迟了些，虽是11月，暖和得很，温度是催发开花的主要原因；有人说，贾宝玉在认真读书了，这海棠莫不是报喜的？尽管是瞎猜，因为说的是恭维话，倒也让人心里高兴。聪明过人的探春不言不语，心里却想："必非好兆，大凡顺者昌，逆者亡；草木知运，不时而发，必是妖孽。"大观园内还有一位聪明人凤姐，她抱病卧床不能前来凑热闹，但却暗地使人送来红绸两匹，给海棠披挂上，以冲邪气。艺术作品中的细节描写是为主题服务的，海棠花开得不合时宜之后不久，主人翁贾宝玉无由地丢失了"命根子"——"通灵宝玉"。大观园乃至整个封建家族开始走向衰落。

现实生活中，植物是不是真的具有这种能预测"天灾人祸"的超能力呢？如果有，它又是如何获得这不同寻常的能力的呢？

让我们轻轻地揭开"先知"的面纱，看看能否看清它的"庐山真面目"。植物究竟具不具备预知"天灾人祸"的能力呢？

有人发现含羞草能预知地震的发生。含羞草的叶子排列整齐、对称，轻轻地触动一下它的叶尖，整个叶子就会迅速合起来，真像低眉顺目、含羞自持的少女一般。通常情况下，含羞草的叶片是白天打开，夜晚闭合。日出前30分钟舒展枝叶，日落30分钟后，枝叶收拢，非常规律。假如一反常规：白天闭合，夜晚舒展，则表示大自然将发生变异，这种变异很可能是地震发生的前兆。有人观察到，如果周围60千米的范围内将发生大地震时，约40分钟前，含羞草会发生行为改变，会在白天将叶子闭合起来。

含羞草不仅能预知地震，还能预测台风、低气压的逼近、雷雨的袭击、火山爆发等。

一些树木也有这样奇异的超能力。1976年，唐山发生7.8级大地震，在地震来临之前，蓟州区穿芳峪一个地方的柳树，在枝条前部20厘米处，出现枝枯叶黄的现象。人们发现，当树木出现重花（二次开花）重果（结二次果）或者突然枯萎死亡等异常情况，那么很可能是地震将要发生了。

科学家们观察到，地震发生前，许多植物的生物电位会发生变化。1983年5月26日，日本秋田发生7.6级地震。震前20小时左右，

日本观测点上的合欢树生物电位开始激烈地上下波动；震前10小时，又平静下来；震前6小时，再次异常。地震之后，异常消失。除了合欢树以外，还有一些植物也产生与合欢树一样的生物电位变化，像桑树、女贞、凤凰木、漆树等等。

印度尼西亚的爪哇岛上，有一种植物，人们称它为"地震花"，可能是属于樱花草一类的植物，它们生长在火山坡上，火山爆发之前，便会开花。岛上的居民把这种植物当作观测装置，只要发现它开花了，马上就做出应急准备、采取应付火山爆发的措施。

还有一些可以预报天气变化的植物，干旱、大雨、阴天、晴天都可以预报。

广西忻城县马泗，有一棵150岁的青冈树，人们可以根据它叶子的颜色变化获知天气情况。一般晴天，树叶呈深绿色；天将下雨，树叶变成红色；雨后转晴，树叶又变成深绿色。

一种叫作踯躅花的植物，如果盛开，则第二天准是大晴天；如果花显得"无精打采"，那么第二天

很可能是坏天气。还有人观察到，如果玉米根长得结实，南瓜藤长得特别多，榧树叶特别茂盛，那么，这一年很可能有台风来袭。

关于植物能预测天气、环境异常变化的例子很多，有的是在一定的条件下发生的，离开这一条件，可能就发生不了；有的虽然出现了异常变化，但导致变化的原因或许是多种多样的。这是一个相当复杂的事情，就拿重花重果为例，有时气候变化以及病虫害的侵蚀，同样会产生重花重果。所以，在做判断的时候，还要运用分析方法，借鉴其他方面的观测依据，不能仅凭某一现象的出现就下结论。

正因为存在着复杂性，给科学研究带来了一系列待解之谜，一旦把植物预知大灾难的超能力之谜揭开，那么将在人与自然的斗争中，树立起一座划时代的里程碑！

随着工业化程度的提高，世界都不同程度地面临一个重要的、严峻的问题——环境保护。大量的废气排放于大气中，大量的污水涌入江河湖海里，人类给自己营造了一个看不见的敌对阵营。环境污染问题引起了世界各国政府的重视，每年用于治理的费用惊人，更不用说投入的人力、物力了。

在动用大量资金治理"三废"带来的恶果时，人们还利用各种手段进行监测，把一些指标控制在最低限度之下，以防陷入旧问题未根除、新问题又产生的恶性循环中。

科学技术的发展，为环境监测提供了有效的手段。科学家发现，这些为人类造福的手段中，也包括植物。

植物具有监测环境的超能力，是大气污染的报警器。植物既无仪表，又无警笛，何以成为环境监测的工具呢？其实，在某些特定的情况下，植物的监测能力比人造的器械还要灵敏。

据说在南京一工厂附近种植了很多雪松。雪松树姿优美、常年碧绿，深受人们喜爱。一年春天，正当雪松萌发新梢的时候，针叶却发黄、枯焦。这是怎么回事呢？谁是"谋害"雪松的"凶手"？后来查明，让雪松受害的是两种有害气体：二氧化硫和氟化氢。刚好，附近工厂里常常会放出这两种气体，雪松对它们特别敏感。后来，人们只要看见雪松"犯病"了，一对号，发现是同一种"症状"，就知道在它周围的大气中含有二氧化硫或氟化氢。

敏感植物对于二氧化硫的反应非常灵敏，它们在二氧化硫的浓度只有百万分之0.3时，就能产生反应；而人只有当二氧化硫的浓度为百万分之1~5时，才能闻出气味，百万分之10~20时才会引起咳嗽和流泪。具有监测大气污染能力的植物种类很多，它们组成了一支保护人类健康的卫兵队伍。如花苜蓿、胡萝卜、菠菜可以监测二氧化硫的污染；菖兰、郁金香、杏、梅、葡萄可以监测氟的污染；苹果、桃、玉米、洋葱可以监测氯的污染等等。

例如菖兰，它就是很有效的氟污染报警器。菖兰对于氟的敏感浓度是百万分之0.005，也就是说，空气中只要含有这么一丁点儿氟，它的叶片边缘和尖端就会出现淡棕黄色的带状伤斑，而且受害组织与正常组织之间有一明显的界线。人对百万分之0.005是没有什么反应的，只有当浓度达到百万分之8时，才开始对人有害，所以得到菖兰报警之后采取防污染措施，还来得及。

由此可见，植物对于有害气体的预报，往往采取一种富于牺牲精神的表达方式，它不会拉警笛，更不知道亮红灯，而是以自己的枝叶伤势做出无声的呼吁，呼吁人们警惕来自身边的毒害，呼吁人们赶紧采取措施，否则人也会像它们一样伤痕累累。

不同的植物对于不同的气体污染，所产生的反应也不一样。虽然多数是从叶片发生"症状"开始，但"症状"的形态、位置却大不一样。有经验的科研工作者，只要根据植物叶片伤斑的位置、形状，就可以大致知道污染的来源是什么，程度如何。由于植物的灵敏度很强，很有典型意义，一旦发现，便能给环境保护提供极好的依据。

神奇的沙漠开花

◎ ◎ ◎ ◎ ◎ ◎ ◎

在连绵起伏的沙漠中，有一片绿洲，这里生长着茂盛的植物，并盛开着鲜花，素有"不毛之地"之称的沙漠也会有如此独特的风景吗？

在秘鲁的滨海区，地面广泛分布着流动的沙丘，沙丘中年平均气温很高，而年降水量却很低。但大约每隔几年，降水量会骤然增长，沙漠中便会奇迹般地冒出绿意并开花。

干涸的沙漠只要有大量的降水，植物就会开花吗？海洋气象学家研究认为，沙漠中植物开花的真正原因与"厄尔尼诺"现象的出现密切相关，那么"厄尔尼诺"又是一种什么现象呢？

"厄尔尼诺"一旦发生，一般要持续很长一段时间，甚至一年以上。它除了使秘鲁沿海气候出现异常增温多雨外，还使澳大利亚丛林因干旱和炎热而不断起火；北美洲大陆热浪和暴风雪竞相发生；夏威夷遭热带风暴袭击；美洲加利福尼亚遭受水灾；大洋洲和西亚多发生严重干旱；非洲大面积发生土壤龟裂；欧洲产生洪涝灾害；中国南部也会发生干旱现象，沿海渔业减产，全国气温偏低，粮食大面积减产。

夏威夷大学的地震学家沃克指出，自1964年以来，五次"厄尔尼诺"现象的发生时间，都与地球的两个移动板块之间的边界上发生地震这一周期现象密切吻合。

还有的科学家提出"厄尔尼诺"与一种叫"南部振荡"的全球性气候变化体系有关，从而影响了南半球的信风强弱。

我国科学家研究1950年以后地球自转速度变化的资料发现，只要地球自转年变量迅速减慢持续两年，且数值较大，就发生"厄尔尼诺"现象。因此他们认为，"厄尔尼诺"可能与地球自转速度变化有关。

现在，科学家已运用航空技术、海洋水下技术及智能机器人对"厄尔尼诺"进行研究，并从地质方面深入探索，相信有一天，"厄尔尼诺"的产生机制将会真相大白。到那时，沙漠中的植物开花也就不足为奇了。

沙漠中也有顽强的生命

热水湖疑谜

◎ ◎ ◎ ◎ ◎

南极洲是世界上最冷的地区，素有"白色大陆"之称。可是，令人惊讶的是，科学家在这个冰封雪裹的世界里，却发现了一个水温很高的热水湖——范达湖。这个湖最深处66米，水温高达25℃，盐类含量为海水的6倍多，氯化钙的含量高得吓人，是海水的18倍。南极干冷世界中出现的这一温暖的湖泊，给科学界带来了难解之谜。

日本、美国、英国、新西兰等国的南极考察队，从各个不同角度对这一疑谜加以解释，争论不休。其中有两种学说颇为盛行，一种是"太阳辐射说"，一种是"地热说"。

太阳辐射说认为，热水湖来自太阳辐射的积蓄。夏天，当强烈的太阳直射湖面，太阳光中的短波

光线透过冰层和湖水，把湖底、湖壁烘暖了，剩余的辐射几乎都被底层咸水所吸收、蓄积，湖面的冰层也产生一种"温室效应"，阻止了湖内热量的散发。而氯化钙这类的盐类浓溶液，能有效地蓄积太阳热，南极热水湖恰恰就是这种盐类蓄热的巨大的天然装置。但持反对意见者认为，南极夏季日照时间虽然长，但阴天非常多，实际到达地面的辐射能很少，再说冰面又反射了90%以上的辐射能。在这种情况下，不可能使表面水温升得很高。另外，暖水下沉后，必然使整个水层的水温升高，而不可能仅仅使底层的水温增高。

地热活动说认为，范达湖距罗斯海50千米，而罗斯海附近有活动的墨尔本火山和正在喷发的埃里伯

斯活火山，表明这一带地底岩浆活动是非常剧烈的，岩浆上涌现象很严重，受地热的影响，湖水的温度就会出现上冷下热现象。科学家们发现，范达湖所在的赖特干侣区中并没有地热活动，这一学说也就宣告失败了。

这样一来，太阳辐射说就比较权威了。这一学说主力派的代表——美国学者威尔逊和日本学者鸟居铁，经过多年的研究，提出了新的论点。他们指出，虽然南极阴天多，地面收到的太阳辐射能很少，但是冰是有一定透明度的，对太阳光有一定的透射率。这样，表层以下的冰层也或多或少会获得太阳辐射的能量。加上这个地区风特别大，冬天的积雪被风吹走，积雪层很薄，多为裸露的岩石，使得夏天地面吸收的热量增多，气候较为温暖。日积月累，表层及冰层以下的温度便有所上升，最后到了融化的程度。由于底层盐度较高，密度较大，底层不会升至表层，结果，就使高温的特性保留下来。同时，表层水冬天有失热现象，底层水则依靠上面水层的保护，失热微小，因而底层水温特别高。近来，人们观测到底层水温有缓慢升高的趋势，为这一理论提供了有力的依据。

持地热说者虽然没有站住脚，但也不同意威尔逊和鸟居铁的说法，认为上述说法有许多想象成分。例如，几十米厚的冰层究竟能透过多少阳光？这些透过冰层的阳光使冰层融化，并使水温升到这样高的程度，有什么科学依据？如果事实真的像威尔逊、鸟居铁所说的那样，那么，类似范达湖这样的湖泊就会有很多，可事实并非如此。持地热说者并不甘心自己的失败，他们正在寻求新的论据。看来，争论仍在继续，南极热水湖疑谜还有待揭开。

死丘事件

⊚ ⊚ ⊚ ⊚

大约在3600年前的一天，位于印度河中央岛屿上的一座远古城市的居民还和往常一样，日出而作，日落而息，过着平静的生活，谁也不会想到一场灾难正悄悄地逼近他们。顷刻之间，岛上的居民几乎在同一时刻全部死去，古城也随之毁灭。

这就是被科学家列为世界难解的三大自然之谜之一的"死丘事件"。

谁是真凶？

这一问题使科学家困惑了几千年，至今仍未找到一个圆满的答案。尽管如此，科学家还是从不同的角度对"死丘"毁灭的原因，进行了种种推测。

从地质学和生态学的角度讲，"死丘事件"可能是由于特大洪水把位于河中央岛上的古城摧毁了，致使城内居民同时被洪水淹死。然而，如果真的是因为特大洪水袭击，城内居民的尸体就会随着洪水漂流远去，就不会在城内留下如此大量的骸骼，况且在发现的废墟里也没有找到遭受特大洪水袭击的任何迹象。

如果说是由于一次急性传染疾病而造成全城居民的死亡，那么全城的人也不可能几乎在同一天同一时刻全部死亡。从废墟骸骼的分布情况看，当时有些人似乎在街上散步或在房屋里干活，并非患有疾病。古生物学家和医学家经过仔细研究，也否定了因疾病传播而导致死亡的说法。

也有人提出了外族人大规模进攻、大批屠杀城内居民的说法。可是入侵者又是谁呢？

在对"死丘事件"的研究中，科学家在城中发现了明显的爆炸留下的痕迹，爆炸中心的建筑物全部夷为平地，且破坏程度由近及远逐渐减弱，只有最边远的建筑物得以幸存。科学工作者还在废墟的中央，发现了一些由黏土和其他矿物质烧结而成的散落的碎块。罗马大学和意大利国家研究委员会的实验证明：废墟当时的熔炼温度高达$1400℃\sim1500℃$，这样的温度，只有在冶炼厂的熔炉里或持续多日的森林大火的火源处才能达到。然而岛上从未有过森林，那么，大火只有源于一次大爆炸。

其实，印度历史上曾流传过远古时发生过一次奇特大爆炸的传说，那些"耀眼的光芒""无烟的大火""紫白色的极光""银色的云""奇异的夕阳""黑夜中的白昼"等描述也都为此提供了证据。

那么，造成"死丘事件"的真正原因，真的是大爆炸吗？众多的疑点和问题是无从解释的谜，这将一直激励着科学家去探索。

通古斯大爆炸之谜

◉ ◉ ◉ ◉ ◉ ◉ ◉ ◉

也许你始终认为广岛原子弹爆炸，是迄今为止威力最大的爆炸，然而，1908年发生的通古斯大爆炸，其威力居然超过了广岛原子弹爆炸的1000倍！

据目击者称，爆炸时，空中升起一个比太阳还要亮10倍的火球。火球发出的热量十分巨大，把周围一切可燃烧的东西全都燃烧起来，山上繁茂的森林也毁掉了，树林中的动物更是无一幸存，甚至连动物的骨灰也找不到。烈火和浓烟直冲高空，估计有二十多千米，从远处清楚可见一个巨大的火柱。然后上升的浓烟呈现出巨大的蘑菇云状。紧接着就是一阵剧烈的爆炸声，距离爆炸中心1000多千米远的地方，都能清楚听见。爆炸的冲击波使方圆几十千米以内的树木，几乎全部

被连根拔起，冲击波所形成的飓风更是将周围的房屋全部卷走。爆炸还引起了地震，甚至使英国各地的气压持续波动几十分钟。

是什么导致了通古斯大爆炸呢？有人认为是核爆炸，有人认为是陨石爆炸，有人认为是反物质爆炸，有人甚至认为是天外宇宙飞船的失事造成的……

1.核爆炸说

参加调查通古斯事件的一些科学家来到广岛，他们惊讶地发现原来广岛原子弹爆炸与通古斯大爆炸是如此的相似：那些连根拔起的树木朝着爆炸中心呈放射状扑倒在地，而距爆炸中心几百米的地方，树叶尽落、树木枯焦，却依然屹立不倒。于是，科学家据此猜测通古斯大爆炸也可能是一次威力无比的

核爆炸。并认为，那种耀眼的"闪光"，就是核爆炸发出的闪光；那种高达几千千米的"火柱"，就是原子火球；那种笼罩在地面上的黑烟，就是原子弹爆炸的蘑菇云；那种几十千米以外的人们所感到的灼热，正是爆炸的热辐射引起的。后来，科学家又对通古斯地区的土壤和植物，进行了大量的放射性剂量的测定，结果发现爆炸中心的放射性剂量比三四十千米以外的地方要高好几倍。1961年，一位科学家据此推算，这次大爆炸的光辐射能量约占总能量的30%，而这个比例正是核爆炸所特有的。

因此，越来越多的科学家认为，通古斯爆炸实际上就是一次威力无比的核爆炸。但当时地球上还没有原子弹，人们不禁要问：这次核爆炸究竟是怎样发生的呢？

2. 陨石爆炸说

通古斯爆炸发生后，人们最先认为可能是陨石爆炸。苏联矿物学家科列克认为，威力如此大的爆炸，只有可能是重达几万吨以上的宇宙物体，突如其来坠入地球的大气圈才能形成。于是他带领考察队

先后多次对通古斯地区进行实地考察，看看是否有陨石坑存在。然而遗憾的是，在爆炸中心地带除了发现数十个大大小小的平坦洞穴外，并没有找到像美国亚利桑那大陨石坑那样的巨大环形坑。他们选择其中最大的一个洞穴，并把钻头打到23米的土层中，可是连半个陨石碎片也没找到。针对这种结果，科列克解释说，那些洞穴可能是反弹坑，陨石在那里一碰到地面，就又被反弹到空中，或被高温气化了。但这种解释还不能消除人们的广泛疑问，因为不留下任何陨石碎片的碰撞，几乎是不可能的。

3. 反物质爆炸说

这一学说是美国诺贝尔奖金获得者李比和其他两位物理学家共同提出的。他们认为，当一颗反物质构成的陨石与大气层的普通物质相撞时，就会像原子弹爆炸一样，双方的所有物质在刹那间全部转化为能量，所以也就没有留下陨石块和陨石坑。李比认为，反物质爆炸的结果之一是：大气层中放射性碳含量将增加。这又必将在树木的生长中有所反映。于是，他对亚利桑那

和洛杉矶的树木年轮进行研究，结果发现正是在通古斯爆炸之后，树木中的碳-14的含量才猛增。

4.天外宇宙飞船失事说

这种说法更有点像传奇小说，它最早由苏联科学家卡扎切夫提出。他认为，可能是一艘遥远地方的高级智慧生物制造的核力宇宙飞船，选择西伯利亚作为它的降落点，大概是机器失灵，着陆前发生爆炸了。由于宇宙飞船闯入大气层时没有减速，当它向地球接近时，就会由于摩擦突然燃烧起来，而发生爆炸。

5.彗星说

苏联科学院院士彼得罗夫认为，来自天外的不速之客很可能是一颗彗星，它由稀松的雪团核宇宙尘埃组成，以每秒几十千米的速度冲进大气层，因受到了地球大气层的强大阻力，在地球上空10～15千米处。发生了剧烈爆炸。彗星本身的动能则变成一股巨大的冲击波，温度急剧升高到几千摄氏度。冲击波摧毁了树木，热气点燃了森林，彗星的雪团因此而蒸发，仅有难熔的宇宙微粒才落入地面。

除此之外，还有很多人认为是由其他原因造成的，有人提出了"微粒黑洞说""天然气爆炸说"，甚至有人认为是地球内部热核强爆引起的。

神奇的迪安圈之谜

◉ ◉ ◉ ◉ ◉ ◉ ◉

在英国彭其波尔山坡上，两个科学爱好者静静地观察了足足三个礼拜了，他们在等待着一种奇异的自然现象再次出现。漫长的21天，让他们的精神几近崩溃。就在他们快要熬不住的时候，忽然，在离他们大约有300米的地方，好像出现了一股看不见的力量。很快，这股力量就在玉米地里画出了一个巨大的圆圈。接着，他们发现在圆圈里的玉米秸被压得扁平扁平的，贴伏在地上了，地面上出现了一个又整齐又美丽的旋涡形状。

更令人吃惊的是，所有的玉米秸被压倒的轨迹，全都是朝着顺时针走向，而周围的玉米依然"我行我素"，仍然在那里挺立着，就好像一堵围墙一样围住了那个圆圈。奇怪的是圆圈里边被压倒的那些玉米秸却没有折断，后来这些玉米还熟了。

这两个科学爱好者，就是著名的迪安圈的研究者迪加多和安德鲁斯，迪安圈就是根据他们的姓名命名的。

天亮的时候，他们回去了。他们在这里作了录音，等把录音机里的录音带从头到尾听了一遍之后，他们震惊了，因为录音机里传出来的声音，就好像是人类说话的嘟噜声，而且那声音就像有人故意在倒着说话似的。

还有一件事情同样让他们惊叹不已，当他们把出现迪安圈的所有地方，都在地图上标出来的时候，发现这些地方竟在同一条直线上。

更多的实践证明，这种奇怪神秘的圆圈总是出现在彭奇波尔、罕普什尔郡和威尔郡等几个固定的地方。这些地方经常发生意外事故，不是出车祸，就是飞机失事，并且这些事故总是伴随着怪圈的出现发生的。

"迪安圈"可能已经存在很长时期了，只不过人们没有把这种现象记录下来而已。直到1975年，这种怪异的现象才被人们注意。从有文字记录的资料看来，最早发现这种现象的是英国罕普个尔郡的一个农民，他是在田野里发现这种奇怪

的圆圈的，当时，那些被压倒的植物也是按照顺时针方向倒伏的。

1978年，这个农民又发现了五个这种奇怪的圆圈，这五个圆圈当中有四个比较大，有一个比较小一点儿，一样摆放在田地里边。

迪加多是在1981年发现的，那一年的某一天，他到一个高尔夫球场去打高尔夫球，碰巧发现了这种奇怪的圆圈。从此以后，迪加多就一发不可收拾，被这种神秘的现象深深地吸引住了。强烈的好奇心使

隐藏在沃野中神奇的"迪安圈"至今仍然是一个谜

他开始了细致的研究，他发誓要找出这种现象的谜底。

自由作家安德鲁斯听说迪加多在研究这种现象，于是就找到了他。因为安德鲁斯也想研究这种现象，两人一拍即合，于是就在一起研究这奇怪的圆圈了。他们花费了大量的精力去研究这种现象，但是最后仍然无功而返。不但如此，他们反倒给人们带来了更多的谜。

1986年，英国的契尔德利镇出现了一个奇怪的圆圈，与以前不同的是，圆圈的外边还有一个圆圈，圆圈外边还有一条又短又直、样子好像箭头的通道，从外边的那个圆圈往外延伸着，箭头的头部有一个好像被人挖空了的钵状洞口。迪加多和安德鲁斯赶到那里去研究，然而，奇怪的是洞口附近没有任何迹象表明这里有泥土被挖出过。最后，安德鲁斯从那个钵状洞口挖了一点儿泥土带回了家里。不过，麻烦从此就跟上了他。第二天凌晨4时15分的时候，安德鲁斯的工作室里警铃突然响了起来。

安德鲁斯以为出了什么事情，急忙爬起来，什么也没有发生，只是虚惊一场。警铃也没有出现任何问题，不过他的挂钟却从此被定死在4时15分。如果不是接下来发生的一些事情的话，大惑不解的安德鲁斯也许就要害怕很长一段时间了。

在接下来的两个星期当中，每天只要一到凌晨4时15分，安德鲁斯工作室的警铃就会准时地响一次，害得他全家根本没办法睡觉。后来，安德鲁斯终于知道这不过是迪安圈又在"作怪"而已。

安德鲁斯和迪加多一直没有放弃对迪安圈的研究。遗憾的是，两位的热诚并没有感动迪安圈。直到今天，迪安圈仍然会光顾英国，而且像它的行踪一样仍然是一个谜。

俄勒冈漩涡之谜

◉　◉　◉　◉　◉　◉　◉

一提起漩涡，人们自然会想到江河湖海中的漩涡。漩涡区域，水总是一圈一圈地围绕着同一个圆心飞速旋转，如《西游记》中沙僧占据的流沙河。可是你听说过陆地也会有漩涡吗？

在美国俄勒冈格兰特狭口外沙甸河一带，就有这么一个陆上漩涡，人称"俄勒冈漩涡"，在那个漩涡中心，有一个古老的木屋，小屋歪斜得厉害，看上去比比萨斜塔还让人担心。其实担心是多余的，无论经过多少年的风吹雨打，小屋从未倒过。更让人惊奇的是只要踏进小屋，就会感到有一股"魔力"死死地把人往里拉。想退出，心有余而力不足。马比人的抵抗力还弱，只要靠近小屋外方圆50米的地方，立刻会不知受了什么惊吓，拼命往回跑，鸟也是。

那么，"俄勒冈漩涡"到底是怎么回事呢？科学家为了揭开它的谜底，特地做了一个试验。

把一根拴有13千克钢球的铁链子，吊在小屋的横梁上，奇怪的是，钢球根本不能垂直向下，而总是倾斜着往"漩涡"的中心摇动，好像那儿是它的家。科学家见此情况，就轻推钢球，结果，钢球一下子就进入了"漩涡"中心。但是，想把钢球拉回来，可费了好大的劲，钢球就像刚见了母亲的孩子，死活不肯离开。

科学家认为，"俄勒冈漩涡"的吸引力肯定是存在的，但这是一种什么样的吸引力呢？这种吸引力又是如何产生的呢？暂时还给不出合理的解释。

神秘地带之谜

◎ ◎ ◎ ◎ ◎ ◎

飞檐走壁，人体斜立，这在我们看来只有杂技演员才会的绝技，在下面这个"神秘地带"却成了正常现象。许多科学家不相信会有如此神奇，便纷纷来到这个位于美国加利福尼亚州旧金山市的圣塔柯斯小镇西郊被森林包围的"神秘地带"进行考察。结果发现，确实如此。

然而，为什么会这样呢？从他们紧皱的眉头可以看出，答案不会轻易得出。

那么"神秘地带"到底有多神秘呢？下面我们择其最典型的五大奇谜，简单介绍一下：

1.人能忽高忽低

神秘地带入口处有两块青石，长约50厘米，宽约20厘米，看上去和普通石头没什么区别。但当人站在上面，奇迹就发生了。左边那块石头能使人显得身材高大，即使原来不到1米，这时看上去也会有2米多；而另一块石头则能使人显得又矮又胖，即使你原来近2米，现在也变小了。

有一次，一个高个子游客和一个矮胖游客一块儿来观光，他们同时各站在一块石板上，然后又换了一下位置。这下可把周围游客给乐坏了，大家笑个不停，两位站在石头上的游客却"丈二和尚摸不到头脑"，不知发生了什么事。原来，第一次站时，高个站在左边的石板上，矮个站在右边的石板上。这使高个越发显得高大魁伟，矮个更为低矮肥胖，而换了位置后，矮个高大起来，高个却显得还不如矮个高。真是太奇妙了，是不是石板高低不平呢？不是。是不是石板所在的位置海拔不一样呢？也不是。那是不是人们的视觉有误差呢？还没有人能确定。这就是"神秘地带"的第一个奇谜。

2.人体斜立

从石板到"神秘地带"的心脏，是一条坡度较大的林荫小道。奇怪的是，小道周围的树木都朝一个方向倾斜，行人走在路上，也跟树一样倾斜，而且比树斜得还厉害。行人低头看不到自己的双脚，但却能稳步前进。经过斜坡到了"神秘地带"的中心，便看到一间破旧的小屋，四周是脏兮兮的木板搭成的围墙。人们走进小屋，身体便会向大路倾斜，挺都挺不过来。

这是怎么回事呢？有不知名的吸引力吗？这是"神秘地带"的第二个奇谜。

3.小球倒滚

小木屋的一侧有一块明显向外倾斜的木板，当游人把高尔夫球放在木板上时，球根本就不向下滚，反而向上爬。如果干脆把球推离木板，球也不是垂直落下，而是倾斜地掉下去。这就是"神秘地带"的第三个"奇谜"。

4.飞檐走壁

在小木屋内，人们可以手无寸铁、毫不费力地在墙壁上走来走去，这种绝妙的表演，即使是经过特殊训练的杂技演员看来也会自愧不如。这是"神秘地带"的第四个"奇谜"。

5.钟摆游动

在相邻的另一间小屋里，横梁上挂着一根铁链，铁链的下端挂着一个盘状圆形物，直径约25厘米，厚5厘米，看上去沉甸甸的，像是钟摆。但奇怪的是微微一碰，"钟摆"便向一个方向摆动起来，而你如果向反方向推它，用尽所有力气也做不到。更有趣的是，这个钟摆一会儿竟画起圈来，这样周而复始地摆动，游人无不称奇。这是"神秘地带"的第五个奇谜。

"神秘地带"的奇谜，都是违反牛顿重力定律的，那它是遵守什么规律呢？现代科学能否解释这种现象呢？富于探索精神的科学家们仍在不断地追寻着谜底。

水往高处流之谜

◉ ◉ ◉ ◉ ◉ ◉ ◉

　　宇宙中最强大的引力场据说就是黑洞，它所产生的引力使光都无法逃脱。正是这种缘故，科学家到现在还无从确认这种极端黑暗的天体残骸，究竟存在于何处。

　　不过，人们已经发现在地球上也存在着某种强外力场，被猜测得最多的是"百慕大三角"，还有非洲西诺亚洞中的"魔潭"。

　　西诺亚洞是津巴布韦境内的一处

大自然无奇不有，更有不可思议的水流

古人类穴居遗址，它是由明、暗两洞及两洞间的一个深潭组成的。深潭位于一个竖井直伸地面的石洞底部，距地面数十米，一潭深蓝色的清水，宛如一块巨大的宝石晶莹闪光。石洞直壁上有透穴同明、暗两洞相望，石洞的下部有一穴口，潭水从这里流出，绵延形成长达15千米的地下河。

洞中的深潭为什么有"魔潭"之称呢？原来它有一种魔法般的引力。明明潭面只有十余米宽，按理说将一块石头从水潭的此岸扔向彼岸的石壁，不用费什么力气，可事实上，连大力士都无法将石头扔过去，飞石一过潭面必定要下坠入水。也确有不服气的人借助于枪械，但这一颗子弹射出去，同样不能击中深潭对面的石壁，就如同被什么神力吸住了似的，往下一栽掉落潭中。

这样的试验已进行过无数次。西诺亚洞中"魔潭"的这种神奇得令人难以置信的引力由何而来？直到今天，没有人能揭开这个谜。

地球上类似的重力之谜很多。谁都知道，地心引力制约着地球表面物体的运动，河水因此也只能往低处流。可是，如果你有机会到中国台湾地区台东县一条公路附近开辟的观光点去看看，就会怀疑地心引力在此地是否失常了。你不得不睁大自己的眼睛，这里有一股河水分明是傍着山脚往上流去的，是名副其实的"逆流河"，真是奇怪。难道是地心引力的指向在这里出了问题？

有的学者认为是磁场在起作用；有的专家则指出，这里有一种尚未认识的力。然而，这都是一些推测。真相如何，还需进一步考察研究。

昆仑山的地狱之门

⦿ ⦿ ⦿ ⦿ ⦿ ⦿ ⦿ ⦿

"天苍苍，野茫茫，风吹草低见牛羊。"这是放牧人的生活追求，哪里草肥，他们就把牛羊往哪里赶，这是常识。但在昆仑山有一块古老而沉寂的谷地，牧草繁茂，当地人却宁愿与牛羊一起饿死在戈壁荒滩上，也不敢进入这片谷地，这是怎么回事呢？

原来这里是昆仑山的地狱之门——死亡谷，谷里到处散发着死亡的气息：无数熊的骨骸、狼的皮毛、猎人的钢枪及一处处荒丘孤坟。尽管如此，牧民中也有一些初来乍到的人，不听劝告甘愿冒险的，结果怎么样呢？新疆地矿局某地质队，以亲眼所见向人们讲述了一个真实的故事：

那是在1983年，青海省阿拉尔牧场的一群马，贪吃鲜草，进入死亡谷。牧民刚接此任，深感责任重大，便冒险进入谷地寻马。结果怎么样呢？几天后，马群出现了，人却没有回来。后来在一个小山上见到他的尸体，惨不忍睹，衣服破碎，光着双脚，怒目圆睁，嘴巴大张，猎枪还握在手中，一副死不瞑目的样子。可奇怪的是他身上并没有伤痕和遭遇袭击的痕迹。谁是罪魁祸首呢？大家百思不得其解。

其后不久，从未进入谷地，仅在附近工作的这支地质队也遭到死亡谷的袭击，这是对他们的警告吗？

就在这年的7月份，外面正是炎炎夏日，这里却遭受了一场突如其来的暴风雪。暴风雪过后，突然一声雷吼，炊事员当场晕倒过去。同事们立即赶来，紧急抢救，十分幸运，炊事员慢慢醒过来了。他回忆说，当时只听后面一声雷响，顿时感到全身麻木，两眼发黑，就什么也不知道了。第二天队员们开始工作时，发现整个山坡全变了，黄土已变成焦黑色，如同灰烬，动植物全没了，到处都是死牛和其他动物的骨骸，真是满目苍凉。

地质队顿感大事不妙，迅速对谷地进行考察。结果发现该地区有明显的磁异常，而且分布范围很广，越深入谷地，磁异常值越高。地质学家认为，在电磁效应作用下，谷地的磁场与云层中的电荷产生空气放电，电使这里成为多雷区，而雷击的对象往往是奔跑的动物。

这种解释似乎正好说明最近几件事的原因。

另外，地质学家还发现死亡谷底部沼泽地下有条暗河。如果有人踏在沼泽地上，就会立刻掉入河中，被暗河极大的吸引力拉入万丈深渊，这就如同印度尼西亚爪哇岛上的魔鬼洞。那里的六个大洞口，都有一种神奇的力量，只要任何物体经过洞口，它就能像饿虎扑食似的把它吸入洞中。

昆仑山的死亡谷，上有闪电，下有暗河，真可谓地狱之门。地质学家的解释也只能是窥探此门奥秘的一个窗口，更艰巨的考察任务还在后头。但我们相信乌云遮不住太阳，科学的力量一定会得到最终的胜利。

传说中上有闪电，下有暗河的地狱之门

神秘的神灯奇观

◉　◉　◉　◉　◉　◉　◉

四川峨眉山闻名中外。这里有两种自然奇观：一是"佛光"，白天所见；二是"神灯"，又名"佛灯""圣灯"，晚上所见。

"神灯"奇观，古已有之，如何形成，概莫定论。有的认为这是因为周围磷物质比较丰富。一方面地下有磷矿；另一方面山上植物含磷多，这些磷物质经过白天太阳照射加热，晚上便会自燃，"鬼火"就是这样形成的。但调查表明，峨眉山周围磷物质并不多。还有的认为，这是由于山中萤火虫特别多，而且长得比较大，因此晚上发光比较明显。可别的山为什么没有？另一种比较新奇的说法是峨眉山有千年积雪，晶莹透明，晚上借月光反射成光，但"神光"似乎并不只是在月夜才有。那"神灯"到底是哪路"神仙"所为？

20世纪40年代末期，许钦文在仔细考察后以确凿证据揭开了这一千古之谜，掀去了它朦胧的面纱。据说，一天黄昏时候，许钦文登上峨眉山顶，碰巧那天"神灯"出现了。只见随着夜色越来越暗，无数灯光从山下出现，由暗到亮，由小到大，慢慢升腾，渐渐移向山顶。随着它的移动，许钦文用望远镜仔细看去，整个光亮的区域呈秋海棠叶形状，而且是整体移动，并非各个光亮独自移动，就像一群人晚上提着灯一齐出发似的。更奇特的是每个光亮的形状也不变，原来是三角形的始终是三角形，原来是正方形的也始终都是正方形，这更增添了"神灯"的神秘色彩。僧人说这是各位菩萨各拿一盏灯到金顶来拜见，叫"万盏明灯朝普贤"。老百姓也便信为以真。可许钦文在观察后认为，这些灯的运动过程是有一定规律的，肯定是某种东西反射而成，"如影随形"嘛！果然不出所料，第二天早晨一看，昨晚"神灯"光亮的区域内都是水田。而且当时正值春末夏初，田内积水一片，原来所谓的"神灯"，正是天上星星的倒影。又遇"神灯"之夜，他和朋友一对照，北斗星、扁担星都在其中。

无巧不成书，"神灯"这奇观又在庐山出现。我国著名气象学家竺可桢，在考察庐山后也是不解，便把"神灯"作为庐山"三大谜题"之一提出来，诚邀广大科学工作者一起研究。庐山中国云雾气象研究所把"神灯"作为一个课题研究多年，未能揭穿。1981年，一位海军航空兵老飞行员得知这一消息，主动写信给中国云雾气象研究所，以自己亲身体验说明所谓的"神灯"，不过是"天上的星星反射在云层上的一种现象"罢了。原来，在乌黑的夜晚，有时云层湿度大，水分子多，像一面镜子。星星通过这面"镜子"反射在人的眼睛里也就像灯光在飘忽不定。云层高低不平，"灯光"也就错落有致。但随着时间的推移，也就整体移动。这与峨眉山唯一不同的是，那里的"镜子"是水田，这里的"镜子"是云层。可见，奇观虽奇，"神灯"不神。科学的眼睛能洞察一切奥秘。

奇异的佛光之谜

◉ ◉ ◉ ◉ ◉ ◉ ◉

佛光产生的条件是太阳光、云雾、地形。早晨太阳从东方升起，佛光在西边出现，整个上午佛光均在西方。即"日东——佛光西"；下午，太阳移到西边，佛光则出现在东边，即"日西——佛光东"；中午，太阳垂直照射，则没有佛光。佛光是只有当太阳、人体与云雾中的水滴经过衍射作用才产生。如果观看处是一个孤立的制高点，那么在相同的条件下，佛光出现的次数要多些。

佛光显现时，由外到里，按红、橙、黄、绿、青、蓝、紫的次序排列，其直径为2米左右。有时阳光强烈，云雾浓且弥漫较宽时，则会在小佛光外面形成一个同心大半圆佛光，直径达20~30米，虽然色彩不明显，但光环却分外显现，

此即古县志上所说："径百丈，晕数重。"

佛光中的人景，是太阳光照射人体在云层上的投影。观看佛光的人举手、挥手，人影也会举手、挥手，此即"云成五彩奇光，人影在固中藏"，神奇而瑰丽。

佛光出现时间的长短，取决于阳光是否被云雾遮盖和云雾是否稳定，如果出现浮云蔽日或云雾流走，佛光即会消失。阳光的强弱，使佛光时有时无、明明灭灭。佛光彩环的大小则同水滴雾珠的大小有关：水滴越小，环越大；反之，环越小。

佛光这种自然界中的光学现象，以峨眉山金顶最为多见，因为峨眉山的气象条件最容易产生佛光，所以，气象学上索性将这种佛

光现象称之为"峨眉光"。

金顶佛光早被古人发现，并多有记载。其中要数南宋范成大的记载最为详细。

实际上，佛光是一种十分普遍的自然现象，说穿了并不神秘。只要具备产生光的气象条件，随时随地都可产生。例如，泰山岱顶碧霞祠一带，经常出现佛光，当地人称为"碧霞宝光"。事实上，在泰山看佛光，主要是在夏、秋两季，因为这时候的泰山，最具备产生佛光的气象条件。据记载，我国和国际极年委员会有关组织，早在1932年8月到1933年8月的一年时间内，在泰山共观测到六次佛光。

随着科学的发展，人们对佛光现象的了解逐渐加深，登峨眉山、泰山、黄山等观看佛光，已不是象征神灵的福佑，而是同观泰山日出一样，是一种大自然的赐予，从中得到自然美的享受。凡是云多雾重的山峦，在特定的气象、地理环境下，都能看到。

不得移动的床位

◉　◉　◉　◉　◉　◉　◉

在德国的一家旅馆内有一种奇怪的现象：每个房间的床铺都摆放得不太规则，而墙壁上醒目地贴着一张告示："不得移动床位"。这是怎么回事呢？

原来，这是因为旅馆的下面有一种人们看不见的"地下射线"，如果哪位客人不按照告示上提醒的话去做，擅自移动床铺的位置，就会倒霉了：只要往床上一躺，立刻就变得心烦意乱，浑身上下不舒服，而且躺在床上，无论如何也不能入睡。

这些床位都是经过反复试验以后才确定下来的位置。

那么"地下射线"是怎样产生的呢？是不是每个人都能感觉到呢？对这两个问题，科学家们一直争论不休。地质学家科布什那认

为，地下水路交叉的地方有一种"电磁应力"，在它的作用下可以释放出中子。而这些中子在机体中发生变化，可以成为对生命有危害的质子，质子又可以变成射线，从而使人们患上危险的疾病。

同时，他认为这种"地下射线"对人们来说影响可能比较强。而且，最近一些科学家还发现，在人的大脑中存在着最细微的磁性粒子，所以，有些人非常有可能具有对某种刺激物敏感反应的能力。

为了证明这种"地下射线"的存在，科学家做了许多试验，结果发现：有些人说受到"地下射线"的困扰以后，精神上是如何如何的紧张，心情是如何如何的慌乱。实际上，事实并没有如此严重。不过，有些人受了"地下射线"的困

扰以后，确实存在睡眠不好，精神紧张的一些感觉。

科学家也做了一种植物实验，证明在有一些地点，确实存在着能够破坏机体生命活动的一种潜能。在这些地区，虽然自然电、磁或者重力的变化，对人们身体的作用很可能是非常弱的，不会影响机体的生命力。但是，从另一方面讲，自然电、磁或者重力的变化又是很强的，可以使人们的身体受到损害。

我们知道，人们身体里面大部分都是水分，当人体受到外界射线的影响，体内的液体比例就会受到影响，其振动状况也会发生变化，这样，人体的生理过程就会受到破坏。

然而，也有一些科学家认为，根本就不存在这种"地下射线"，更谈不上感觉到所谓受到"地下射线"困扰，就会使人出现精神紧张、心烦意乱等这些反常现象，根本就没有一种科学仪器可以把它记录下来。这也许是因为他们的心理暗示作用罢了。

现在，关于"地下射线"的争论，还一直在进行着。它到底存不存在？是不是人们都能感觉到？然而，如果说引起这种争论的缘由，根本就是因为一种人为的心理暗示作用，那结果又会如何呢？

"魔杖"的秘密

几百年前，"魔杖"帮助人们破获无数起迷踪杀人案件；15~18世纪，"魔杖"帮助人们发现了许多矿床；20世纪，人们利用"魔杖"在非洲的干旱地区找到了水源。那么，如此神秘的魔杖究竟是怎样发挥它的魔力的呢？它是用什么做成的呢？作用究竟有多大呢？

传说中的"魔杖"是用柳条、赤杨或胡桃树削制而成的，它简直无所不能。卫国战争时期，苏联有些科学家曾经做过一次试验，他们将试验场选在离伊塞克湖不远的楚河堤坝上，那儿的地底下有一条调节河水的暗渠，水面离堤面约7~10米。可是，在大堤上却什么也看不到。他们先测试了30个徒手的农民，结果，他们什么也没有感觉到。接着，他们又测试了另外4

个手持"魔杖"的人，嘿，真灵！4个人手中的柳条叉子几乎同时偏向河水流过的地方。

试验中，"魔杖"还探测到地下80~100米深的矿床，更令人不可思议的是，黏土和沙子竟然一点也不会妨碍它的工作。

在后来的一次试验中，人们惊奇地发现，在这些"魔杖"当中，仅有使用新削的柳条制成的"魔杖"才具有"旋转反应"的魔力，而那些树汁已经干枯的"魔杖"，魔力自动会消失。人们将这种"旋转反应"称为"生物科奇特反应"，这种反应在硫黄矿和地下水的上方，在高压线下，在铺设水管、煤气管和地下铁道的地面上都能发生。也曾有人根据"魔杖"的魔力制成金属魔杖，它是用小型活络金属方框代替了柳条叉子，但它比柳条叉子更灵活，转动起来更有力，且能计算出转动的次数。

那么，"魔杖"为什么会具有这种"生物科奇特反应"呢？要弄清这个问题，实在不太容易，因为它涉及面太广。尽管如此，科学家们还是力求找出一个合理的解释，因此一时众说纷纭。

有的说，"魔杖"旋转与生物体产生的生物电流有关，如果把一块强大的磁铁靠近探矿者的后脑勺，"魔杖"的反应就会明显下降。

也有的说，"魔杖"的威力与地球磁场有很大的关系。据生物磁学家研究表明，"生物科奇特反应"最大的地方，其磁场强度远远比地球的天然磁场强。

此外，还有人根据磁力——流体动力学现象，认为"魔杖"或许跟地球引力有关……

总之，到目前为止，人们还没有完全弄明白"魔杖"里隐藏的秘密，要想揭开它神秘的面纱，还有待于人们进一步地探索和思考。

神奇植物也能为人类提供科学的帮助

会跳舞的棺木之谜

⊙ ⊙ ⊙ ⊙ ⊙ ⊙ ⊙ ⊙ ⊙

　　静寂无风的夜空中，几颗孤独的星星闪出点点微光。忽见一个木桩似的物体跳动了起来，惨白的面部毫无表情……这是我们在恐怖片中见到的情景，可是在现实生活中，你看见过会动的棺木吗？

　　1932年，在太平洋的巴贝多斯岛，富豪威廉·卡勒斯去世了，族人为他举行了盛大的葬礼，他的灵柩安放于威廉家族墓地。墓地是1899年购于安德鲁斯家族，并于1918年和1922年分别安葬了威廉家族的两个女儿。当人们打开入口处的大理石门时，眼前的情景令他们惊呆了：两个女儿的铜棺竟然朝下倒立在那里。开棺查看，发现尸骨完好，陪葬的金银珠宝也一件不缺，一点儿没有盗墓的迹象。

　　1961年，为了安葬族里的一名男子，人们再度开墓。人们发现要八个人才能扛得起的卡勒斯的棺材，正靠着墓穴的一面墙竖立着。从此，怪墓的消息不胫而走。

　　八个星期后，另一场葬礼又将举行，全岛甚至附近岛上的居民都拥到现场看热闹。他们没有失望，石墓的大理石封门没有开启或撬动的痕迹，但打开墓穴后，发现四副棺木果然如想象中的竖直站在那里。

　　墓内棺木的数次移动引起了很多人的恐慌，人们不再把其作为津津乐道的谈资和玩笑。甚至，强烈的好奇心促使一些勇于冒险者潜心琢磨起来。

　　探求者们了解到，这个墓地的原主人安德鲁斯家族，是一个以种植业发财的富豪望族。18世纪末，这个家族在岛上的基督城兴建了这个巨大的家族坟墓，进口处用一块巨大的大理石封闭。从外表看起来，不像个坟墓，倒像个堡垒。这个家族只有一个名叫高大德的太太于1927年葬入此墓。威廉家族买下这个墓地时，安德鲁斯家已负债累累。

20世纪70年代，巴贝多斯岛的两任总督之一的库勃莫尔，为了破解这个谜团，于1979年亲自监督工人将棺材放好，大理石墓门用石膏封好后打盖封印。1980年4月，他接到报告说墓中传出声音，便随即到墓地去看个究竟。封印和石膏完好如初，但打开墓室后，看到棺木横七竖八，凌乱不堪。

经过若干次地仔细勘察之后，并没有找到答案，种种疑问在人们心头丛生。若是黑奴或仇家为了报仇而走进墓里搬动棺材，不可能不留下蛛丝马迹。如果说是自然灾害如洪水或地震使棺材移动，可石墓里没有进过水的痕迹，更没有棺材漂动或滑动的痕迹。地震就更不可能，只震动这个坟墓而不震动其他坟墓。难道是灵魂为保护自己家园的愤怒之举吗？如果把棺木移走，而放入其他物体，也会移动吗？什么力量能让它们安静下来呢？所有的问题只能是问题了，没有人能说清楚。

骇人听闻的五彩雨

◎ ◎ ◎ ◎ ◎ ◎ ◎ ◎

每次下雨的时候，从天空中降下来的雨水，应该是无色无味的。可是在有的地方，下的雨居然会五彩缤纷，这真是怪事。

1955年7月22日下午5时30分，爱德华·姆茨先生正在美国俄亥俄州辛西纳提市尔大街家中的花园里工作，突然，一滴温暖的红色水滴落在他的胳膊上。接着又是一滴，过了不大一会儿，他的四周就下起了红色的雨。爱德华·姆茨先生抬头望望天，这时他发现天空的云层中涌出一块奇特云团，这阵红雨就是从那团云彩中落下来的，正好落在花园里的桃树上。这团怪云位于他头顶上约300米处，并不是非常大，但颜色非常奇特，呈暗绿、红色和粉色，跟那些降落下来的雨水的颜色非常相似。

好奇的爱德华·姆茨先生凝视着云彩。这个时候，他那刚才被雨滴淋湿的双手，逐渐开始有被烧灼的感觉。事后，爱德华·姆茨先生说他感觉就像是松节油涂在了割破的伤口上。于是他赶紧跑回屋子，用清水和肥皂仔细清洗双手，再也没有心思去看那红雨了。这些"雨"水就跟鲜血一样，摸上去油乎乎的还有点儿黏。

第二天一早，爱德华·姆茨先生发现，他花园中的桃树和树下的草坪都已死掉，树枝上挂满的桃子也干瘪了。看来，这场雨的杀伤力是非常强的。后来美国科研机构曾派人就此采访爱德华·姆茨先生，并取走了桃树果实和草坪的样品。不过，他们并没有公布研究的结果。所以，这种有颜色的雨到底是怎么一回事，我们并不知道。有人怀疑是飞机在作怪，不过爱德华·姆茨先生说在下雨的时候，那一带没有飞机经过，美国航空局也证实了这一说法。

专家分析后认为，这也不是化工厂排出的废气造成的。看来，这种雨水的来历真是有些怪。

无独有偶，1891年11月2日，在比利时的布兰肯伯格地区也下了一场红雨。最初，人们怀疑这场红雨形成的原因，是因为雨水中含有大量的由龙卷风带起的红沙。但是，当人们对144盎司的兰肯伯格红雨水进行蒸发试验时，发现这种推测其实是错误的，因为当雨水减少至4盎司时，尚未发现任何红沙，在进一步的分析中发现了一种叫氯化钴的物质。不过，这并不能解释红雨形成的原因。

跟下这种雨水类似的事件，人们也见过不少，在以前，迷信的人们还以为这是上帝给人们的某种惩罚。不过后来人们又认为很可能与外星人有关。

1891年8月13日，一个发出腐烂气味的物体，在马萨诸塞州的埃姆赫乐斯特地区从天而降，物体上边盖了一层布一样的绒毛。研究者鲁弗斯·格雷夫斯教授，把绒毛除掉后发现下面是一种"米色的果肉状物质"，这种物质在接触空气之后，迅速变色，表面的颜色变成了"青灰色，很像静脉血的颜色"。据说，这种物体降落时带着耀眼的亮光，这就使得人们不得不怀疑，它是不是外星人掉下的某种东西，当然，没有任何记载表明当时有飞碟从那里经过，不过，飞碟是否经过了那里我们也不知道，飞碟是如此的神秘，有的时候，即使它飞过了，我们也未必能够发现。

怪异的雪碟之谜

◉ ◉ ◉ ◉ ◉ ◉ ◉

　　白雪对我们来说，并不陌生。每当下雪的时候，大地顿时一片银装素裹，好不壮观！然而世界上总有些怪事，有人竟然发现雪也有各种颜色，并且有些雪的形状还非常奇特。

　　早在两百多年前，瑞士科学家本尼迪率领一支科学探险队到北极探险时，就曾见过颜色像血一样的红雪。从此以后，有关各种各样颜色雪的报道就接连不断出现。例如，1960年5月，我国登山运动员在珠穆朗玛峰，也发现鲜艳的红雪。1963年1月29日，日本的石川、福斗等地也出现红、黄、褐色混杂的彩雪。苏格兰更是降过墨雪。1986年3月2日，前南斯拉夫西部著名旅游胜地——"波波瓦沙普卡"降了黄雪，当地雪景绮丽多姿，但降黄雪还是头一次。

　　彩雪现象引起了科学家的极大兴趣，他们纷纷进行研究。有些专家认为，彩雪的颜色来源于一种单细胞构成的最简单的植物——原始冷蕨。这种冷蕨在极寒冷的情况下繁殖非常快。它们的颜色也有很多种，有红的、绿的、紫的等。它们能够根据自身的需要，选择所需要的光线和数量，来改变自身的颜色。比如，如果它需紫外线，它就变成红色，它的胚被风吹到雪上，过几个小时，周围的冰雪就会变得一片通红。

　　可是，这种微小细胞内部究竟如何发生变化，人们至今仍没弄清楚。科学家们对原始冷蕨的研究仍在继续，终究有一天，科学将揭开它的"构造"之谜。

不光世界上存在各种颜色的雪，人们也发现过像碟子那么大的雪花，其形状与碟子十分相似，故人们将它形象地称为"雪碟"。

1887年，美国就曾下过一场令人惊奇的雪。当时的气温略高于冰点，相对湿度饱和。刚开始下雪时，雪花并不大，后来逐渐变大，每片雪花的直径从6.5厘米增至7厘米，最后达到9厘米。据记载，当时曾有人将采集到的这些"雪碟"分组称量，结果发现它们比通常的雪花重数百倍。

最具有代表性的"雪碟"现象，于1915年1月10日发生在德国柏林。每个雪花都十分像真实的碟子，雪花的直径约8～10厘米，与碟子大小差不多，其形状也与碟子十分相似，四周朝上翘着。它们从天空中降落时，比周围其他小雪花下落的速度快很多。在地面上的人看来，它们简直就像无数白色的碟子从天而降，落到地上居然没有一个翻转过来，令当地居民十分惊讶。

为什么会出现"雪碟"现象呢？气象科学家对此进行了深入的研究，并提出种种猜测，有人认为，可能是一些较大的雪花在下落过程中，由于速度较快而将周围的小雪花吸附，最后越吸越多，越积越大，终于形成了"雪碟"降落在地。这一过程很像"滚雪球"，所以很好理解。但为什么变大后的雪花呈奇异的碟状，现在还无人知晓。

读完上述有关怪异雪的故事，你也许会惊叹大自然的丰富多彩。说不定，哪一天更加奇特的雪还会出现呢！

奇异的闪电之谜

◉ ◉ ◉ ◉ ◉ ◉ ◉

"任何一出戏剧，任何一种魔术，就其壮丽的场面和奇特效果而言，都无法同大自然中的闪电媲美。"这是法国著名天文学家弗拉马里，在对无数电击现场做了考察后的总结。闪电如何壮丽？如何奇特？请看他的记录中的几处精彩片段：

片段一：法国某小城市，三名士兵正在树下避雨。闪电忽地一亮，三人顷刻间死去，但仍直挺挺地站着，好像仍在坚守岗位。雨过天晴，行人过去问路，不见回话，碰了他们一下，"啪"的一声，三具尸体立刻倒地，化成一堆灰烬。

片段二：一个雷雨天，某人正在自家小屋内举杯饮酒，忽然电闪雷鸣，酒杯"嗖"地一下，飞到

院子里，人平安无事，杯子秋毫未损。还有一次，某男孩正扛着一把铁叉行走在回家的路上，闪电猛地一下把他手中的铁叉"夺走"，扔到了50米远的地方。你看，闪电还会"夺"人东西呢！

片段三：在奥地利维也纳市郊，有位医生名叫德莱金格，他有一个精美的钱夹，是用玳瑁制的，上面用不锈钢镶着两个相互交叉的大写字母"D"，这是德莱金格姓名的缩写。一次他乘火车回家，不知何时他的钱夹不见了，他很着急。可就在这天晚上，他被叫去抢救一个刚被闪电击中的外国人。本来心里很烦，但还是恪守医德去了。最令人吃惊的是，德莱金格在检查他的脚时，发现那人的脚上，赫然印着两个交叉的大写字母

"D"，同他钱夹上的标记完全一样。此人病好后，看到为他治病的医生正是钱包的主人，便惭愧地低下了头，交出了钱夹。

片段四：印度有一位患白内障双目失明的老人，久治不愈。1980年的一天晚上，他正坐在家中喝茶，忽然电闪雷鸣，他感到脑子猛地一震，约4分钟后恢复了正常。第二天早晨，奇迹发生了，他重见光明，又清楚地看到这个精彩的世界。有人认为这是老人平日行善，感动了上苍；有人认为这是因为他当时正好处于雷击的有效磁场内，磁场把不溶性蛋白变成可溶性蛋白，扫除了眼内"障碍"。

片段五：一次，闪电击中了一名妇女。把她的耳环给熔化了，内衣烧坏了，而妇女本人一切正常，连一丝灼伤的痕迹都没留下。真是奇迹，这闪电真比魔术师还神奇吗？

片段六：自然界中的闪电以枝状闪电最为普通，另外还有联珠状闪电、火箭状闪电、片状闪电，而其中最罕见的当数球状闪电。

在苏联一个农庄，曾有两个孩子在牛舍下躲雨，突然，他们发现前面白杨树上有一个橙黄色的火球跳来跳去，最后落到地上。忽然，火球直朝小孩冲来，吓得孩子两腿发抖。当火球来到他们跟前时，年幼的孩子鼓起勇气朝它踢去，"轰隆"一声，火球爆炸了，孩子们也震倒在地，但身体没一点事，可回头一看，牛棚里的12头奶牛仅幸存1头了。还有一次，在美国一个小城里，某家庭主妇正在做饭，想把昨天买的鸡和鸭炖一炖，但打开冰箱。呀，生鸡和生鸭怎么全都熟透了。"上帝啊，上帝显灵了，奇迹出现了！"女人的惊叫引来了众多邻居，许多人都把这视为"上帝的启示"。

但经科学研究表明，这是球状闪电开的玩笑，它不知怎么就钻到冰箱里，眨眼间把冰箱变成电炉。结果里面的食品顷刻间全部熟透了，而冰箱竟完好无损。

闪电的历史太过久远了，但人们真正开始用科学的眼睛观察它，还只是两百多年以前的事。那时美国科学家富兰克林，首次用接着金属导线的风筝探索闪电。两百多年过去了，人们不但在理论上找到了它的成因，而且在实验室里也能人工模拟。现在，人们已把它充分地运用到生产、医疗上，最先进的应是人们利用闪电创造了"起死回生"的奇迹：医生把电线接在心脏刚停止跳动的人身上，利用电压为2500～4000伏特的电流，进行脉冲放电促使心脏恢复跳动。就是这科学的力量，科学的发展使我们更加清楚地认识这个世界。

海底下沉之谜

◉ ◉ ◉ ◉ ◉ ◉

众所周知，海洋中最深的地方是海沟，它们的深度都在6000米以上。海沟附近发生的地震是十分强烈的。据统计，全球80%的地震都集中在太平洋周围的海沟及其附近的大陆和群岛区。这些地震每年释放出的能量，可与爆炸10万颗原子弹相比。有趣的是，海沟附近发生的都是浅源地震，向着大陆方向，震源的深度逐渐变大，最大深度可达700千米左右。把这些地震源排列起来，便构成一个从海沟向大陆一侧倾斜下去的斜面。1932年，荷兰人万宁·曼纳兹，利用潜水艇测定海沟的重力，发现海沟地带的重力值特别低。这个结果使他迷惑不解，因为根据地块漂浮的地壳均衡原理，重力过小的地壳块体应当向上浮起，而实际上海沟却是如此的

幽深。经过一番研究，万宁·曼纳兹认为，可能是海沟地区受到地球内部一股十分强大的拉力作用，所以才有下沉的趋势，从而形成幽深的海沟。

20世纪60年代，人们认识到大洋中脊顶部是新洋壳不断生长的地方，在中脊顶部每年都要长出几厘米宽的新洋底条带(面积约3平方千米)，而地球表面面积却并没有逐年增大，可见，每年必定有等量的洋底地壳，在别的什么地方被破坏消失了。地球科学家发现，在100～200千米厚的坚硬岩石圈之下，是炽热、柔软的软流圈，在那里不可能发生地震。之所以有中、深源地震，正是坚硬岩石圈板块下插进软流圈中的缘故。这些中、深源地震，就发生在尚未软化的下插

板块之中。海沟地带两侧板块相互冲撞，从而激起了全球最频繁、最强烈的地震。也正因为洋底板块沿海沟向下沉潜，才造成了如此深的海沟。通过以上分析，可以看出曼纳兹的理论是有道理的。

那么，是什么力量导致洋底板块俯冲潜入地下的呢？

日本学者上田诚也等人认为，洋底岩石圈密度较大，其下的软流圈密度偏低，所以洋底岩石圈板块易于沉入软流圈中。俯冲过程中，随着温度、压力升高，岩石圈发生变化，密度还会进一步增大。这就好比桌布下垂的一角浸在一桶水中，变重了的湿桌布可能把整块桌布拉向水桶。海沟总长度最长的太平洋板块，在全球板块中具有最高的运动速度，上田诚也等人据此认为，海沟处下插板块的下沉拖拉作用可能是板块运动的重要驱动力。如果确实如此，洋底板块理应遭受扩张应力作用，而近年来的测量发现，洋底板块内部却是挤压力占优势。这一事实对于重力下沉的说法是个不小的打击。

另有一些学者提出地幔物质对流作用的观点，认为大洋中脊位于地幔上升流区，海沟则处在下降流区，正是汇聚下沉的地幔流把洋底板块拉到地幔中去的。这一看法与上述万宁·曼纳兹的见解是一脉相承的。但是，目前我们还缺乏地幔对流的直接证据。也有一些学者强调地幔物质黏度太高，很难发生对流。

对于海底为什么会下潜的问题，科学家仍在积极地进行研究探索。

日月合璧之谜

◉　◉　◉　◉　◉　◉

武侠小说中多出现日月合璧之功、日月合璧之剑,一般指盖世无双的神功、宝剑等。可你想象得出天空中真的出现日月合璧的景象吗?你能对这种现象大体说个一二三吗?

1980年,杭州大学地理系冯铁凝等从历史文献资料中得知,每年农历十月初一,从鹰窠可以看到日月合璧奇观,便邀几位天文爱好者于这年农历十月初一登临鹰窠顶。结果确实看到太阳和月亮在地平线上同时升起的奇特天象。从此每年这一天便有很多人赶往鹰窠顶观看日月合璧现象。它和钱塘江边的"海宁观潮"合称"双景",闻名于世。但奇怪的是,1981~1983年的三年间(1981年、1983年的9月都是大月,1982年是狗年),均未出现

日月同升。1984年的农历九月只有29天,10月有2个。在十月初一、初二奇观也未出现,初三它奇异般地出现了,不过只有15分钟,初四也有,初五还出现了5分钟。每次景观都不一样,大致可分几种情况:

太阳光升起,月亮随后跃出,合入日心。冯铁凝等人1980年看到的即是这种景象,据史书记载,明朝陈梁也曾见过类似情况。

太阳光升起不久,一个暗灰色月亮出现在太阳旁,围绕着太阳跳来跳去,当月亮跳过太阳时,太阳被月亮遮住的部分颜色变暗,未被遮住的部分则闪现出金黄色的月牙形状。

太阳和月亮合为一体,同时从海上升起。这时你会看到太阳托住月影一起跃动。据清朝嘉庆年间吴

东发记述，这种情况僧人实智曾亲眼所见，"日月各有光一道，左右分布如眉"。

从上述景象看，日月合璧好像就是日食。但不是，因为日食不可能每年都发生在农历十月初一，也不会仅发生在鹰窠山顶。那么这种奇特的日月合璧，究竟是怎么一回事呢？有人认为这可能是太阳光线折射所成，由于海上天气变化无常，无风三尺浪，地面大气温度和密度分布极不均匀，使得太阳光在这种空气之中传播经常曲折前进，由此产生了各种异常的折射现象。这时看地平线上的太阳，便会呈现出各种扭曲的古怪形状，如帽状、三角状等；有时它还会上下跳动，一会跳到地平线以上，一会跳到地平线以下。这种现象在气象学中称为"地面闪烁"。日月合璧是不是就是"地面闪烁"造成的假象呢？如果是，为什么每年只在农历十月初一出现呢？还有，如果是，为什么只在鹰窠山顶上才能欣赏到这一独特景观呢？让我们慢慢思索吧！

看到的不是太阳，而是太阳和月亮的合体，神奇的日月合璧让人惊叹

神出鬼没的火

◎ ◎ ◎ ◎ ◎ ◎

　　平静的海面上，波光粼粼，这时突然出现了发着亮光的火，而且这种火忽隐忽现，时暗时亮，有时还会倏然起一片大火。你会相信这是事实吗？

　　1933年3月的某日凌晨，日本三陆海发生海啸，当汹涌的波涛涌向海湾中央时，人们先是隐约地看到涌动的浪头下有几个色泽呈青紫，并排行进的圆形发光物，这几个发光物的光亮逐渐加强，人们可以看到漂流在海面上的破船碎块，并发现亮光的辐射范围在加大，像探照灯似的照向各个方向。不一会儿，在波涛的互相撞击下，这些圆形发光物像被搅碎而消失了。

　　1975年，在江苏省发生地震前几小时，这一带的海面上一连7天出现这种火。第一天晚上在平静的海面上，起伏不停的波浪中夹着微弱而隐约可见的亮光，以后在每天的晚上，总会出现同样的亮光，亮度渐次加强，到第7天，亮光已是如灯光照耀般闪闪发光，在海水受到触动时，激起的水流更是明亮异常。同样令人震撼的是，1976年唐山大地震的前一天晚上，这种发光现象也曾在秦皇岛、北戴河一带的海面上出现过，甚至有火龙似的明亮光带出现。

　　更让人难以置信的是太平洋海面上曾出现过来势凶猛的大火。1985年的一天，几十艘满载货物的船只行驶在太平洋上，这天太平洋风平浪静，没有天气骤变的丝毫迹象。突然，前边海面上燃起熊熊大火，而且火势凶猛，火苗似箭，嗖嗖地直向船队窜来。好在抢救及时，才幸免于难。

同样，在世界各地的海面上，也曾出现过类似来历不明的火，那么浩瀚的海面，是怎样引燃火的呢？

有关海洋专家和地质学家对此进行调查、分析，认为海底蕴藏着可燃、发光的微生物群和可燃气体，当微生物群繁殖增多或是可燃气源膨胀涌出水面时，在光照及空气氧化作用下，便成了"火"。也有人认为波涛汹涌时，一浪强似一浪的巨浪不断撞击，在一定条件下水中氢氧元素分开，也产生"火"。

一些专家学者认为，这些"火"与地震有密切关系，并依据地震岩石迸裂对多种岩石试样施加足够压力，发现这些岩石试样会爆炸性地破裂，并在几秒内释放一股电子流。把这些试样放在水中，也会产生电子流，使水发出亮光。但是，海洋中没有岩石，也会产生这种"火"吗？

这种"火"的出现，可能是多种因素导致的，这种火作为一种复杂的现象，还需海洋生物学家和地质学家不断地研究，才能解开这个谜。

能投影的石头之谜

光秃秃的石头，可用来砌墙筑路，还可用来雕像。可你想象得出有的石头还能投影出奇妙的图案吗？意大利电影剧作家特奈利，竟发现了许多这种能投影的石头。

1964年夏天，特奈利在一个山洞中发现了一块奇特的石头，上面刻有精美的图案，雕琢得光滑圆亮。更令人称奇的是，在一个电闪雷鸣、风雨交加的晚上，这块石头在特奈利家中的墙上投下一个逼真的远古时代的影像，看上去就像一头马上就要扑过来的雄狮，使人惊恐万分。

后来，特奈利在美国又找到一块这样的石头。不过这次的投影是一个戴头盔的人，正拿刀猛刺一头野兽，淋漓尽致地表现了古人的勇气。后来他又在德国找到一块石头，这块石头显示出了两个紧紧拥抱的影像，就像久别重逢的好友。

为什么特奈利能找到这么多能投影的石头？这是对他酷爱电影创作事业的奖赏吗？这些石头又出自谁手呢？他们是用什么工具把图案雕刻在石头上的呢？这些石头为什么能投影呢？许许多多的问题等待人们去解答。

会跳舞的夫妻石

◉ ◉ ◉ ◉ ◉ ◉ ◉

在印度西部的沃布里尔村，有一对"夫妻石"，随着人们的叫喊声，可自动腾空而起，进而轻舞飞扬，可谓世界奇中之奇。原因何在？难道重力作用可以人为改变？

在这个村里有座安葬800年前逝世的伊斯兰教托钵僧古马尔·阿迪·瓦尔维奇的圣祠，吸引世界各地游客前往观看的"夫妻石"，就并排站立在圣祠前的台阶上。

这两块圣石只对童男童女有极强的亲和力，其他人概不允许接近，"丈夫"身形矫健，重约90磅，"妻子"小巧玲珑，略轻一些。只要孩子们将右手的食指放在巨石下，同时异口同声且不停顿虔

会跳舞的神奇夫妻石只允许童男童女接近

诚地喊着"古马尔·阿迪·瓦尔维奇——奇——奇",发"奇"的声音尽可能拖得长一些,这样,沉重的"夫妻石"就会像活人般地顿时从地上弹跳起来,悬浮到约2米高的空中,双双起舞,舞姿优美。直到人们把瓦尔维奇的名字喊得上气不接下气时,它才会落回到台阶上。"夫妻石"飞舞的这个过程,可以反复数次,并且次次不同,有时像芭蕾舞,有时像国际舞……

简·格林是专程赶去观看圣石随音起舞的众多见证人之一。"太神奇了,真让人无法理解,灵验度居然百分之百。"他完全被折服了。

据史书记载,使"夫妻石"飞舞的方法,是瓦尔维奇生前透露给人们的。

800年前,圣祠所在地原是一座健身房,那两块巨石是供摔跤手来练习使用的。儿时的瓦尔维奇经常来这里同巨石嬉戏玩耍,与其产生了深厚的感情,他常常显示出自己灵敏的生命机能和超人的力气。过了许多年,在健身房拆除后,瓦尔维奇这位伊斯兰教徒,对周围的

人说出了这样的秘密:"那两块巨石任你们使出全身力气也未必可以举起,除非你们重复叫我的名字。"他还告诉人们,用九根手指就可使那块巨石升空,而那块较小的岩石则只需用一根手指头。至于更多的秘密,瓦尔维奇只字未提。

从那个时候起,人们就一直沿用瓦尔维奇教的方法来使岩石起舞。

至今,科学家们仍无法解释圣石飞舞的奥秘,前去沃布里尔村观看这一奇景的人却越来越多。印度国内的《亚洲》杂志等刊物,都曾专题介绍过有关情况,《信不信由你》的系列电视片中也拍入了圣石飞舞的稀世镜头。确实,不管你信不信,任何人都可以亲自去观看一次圣石飞舞活动。

沉重的岩石飘然离地起舞秘密何在?难道人们采用特定方式能够改变重力作用?不过,人们统一使用右手的手指、统一发出共同的声音,这与物理力作用的变化有什么样的联系呢?

变色石之谜

"爱也斯"并非一个人的名字，而是一块石头的名字，这块石头在澳大利亚中部阿利斯西南的茫茫沙漠中，它周长约8千米，高达348米，科学家估算，仅它露在地面上的部分，就有几亿吨重。

这么巨大的一块石头实属罕见，然而，更让人吃惊的并不是它的体积和重量，而是它那像变色龙一样的颜色。而且，它的颜色改变非常有规律——旭日东升的时候，它是棕色的；中午的时候，它变成灰蓝色；夕阳西沉，它就会像一个害羞的年轻姑娘，蓦然变成鲜艳的红色，熠熠闪亮，蔚为奇观。

在没有钟表的古代，当地居民就根据它的颜色变换来确定时间，从来都没有出现过什么错误，这块巨大的石头，也就成了当地居民们安排生活和农事的唯一标准了。

它让人流连忘返的另外一个原因是，能像一个魔术师一样随着阳光照射的变化，给人以各种幻觉：远远望去，它有时就像一艘半浮在海面上乌黑发亮的潜艇；有时又像一条巨大鲨鱼的背鳍。假如光线好的话，一瞬间，它又会像一位穿着青衣的巨人一样神采奕奕，而它底下的大地就像一块巨大、洁白的软床……它变幻无穷，多彩多姿，由它构成的千万种奇异的现象煞是迷人。

科学家当然不会放着这么美妙的事情不去研究，不过，各种研究到目前为止仍然只能算是猜想。

在众多的猜想当中，有一种猜想似乎比较有说服力：由于这里沙漠地势平坦，天空终日无云，而

怪石表面非常光滑，这种光滑的表面好像一面镜子，能够反射太阳光线，于是就把太阳的七彩光线反射出来了。

由于地球不停地转动，太阳相对巨石的角度也有所不同，于是，从早到晚，光线就会不一样。

不过，尽管这种猜想看起来很合理，但是它仍然不是最后的解释，因为反对者说，假如是这样的话，那么世界上就应该有许多这样的石头。

石头杀人之谜

◎　◎　◎　◎　◎　◎

　　在非洲马里境内，有一座耶名山，山上有一片茂密的大森林，林中有各种巨蟒、凶残的鳄鱼、狮子、老虎等。然而，在耶名山的东麓，却极少有飞禽走兽的踪迹。当地的土著居民对这个地方既恐惧又非常敬畏。

　　在1967年春天，耶名山发生强烈地震。震后的耶名山东麓远远望去，总有一种飘忽不定的光晕，尤其是雷雨天，更是绮丽多姿。据当地人说，这里藏着历代酋长的无数珍宝，从黄金铸成的神像到用各种宝石雕琢的骷髅，应有尽有。神秘的光晕就是震后从地缝中透出来的珠光宝气。这个说法究竟是真是假，谁也不能证实。马里政府为了弄清事实的真相，派出了以阿勃为队长的八人探险队，进入耶名山东麓进行实地考察。

　　他们刚来到这里，就下起了大雨。在电闪雷鸣中，阿勃清晰地看到不远处那片山野的上空冉冉升起一片光晕，光亮炫目。光晕由红色变为金黄色，最后变成碧蓝色。暴雨穿过光晕，更使它姹紫嫣红。雷雨刚停，阿勃不顾山陡坡滑、道路泥泞，下令马上进发。在那片山野上，他们发现躺着许多死人。这些死人身体扭曲，口眼歪斜，表情痛苦。从尸体看这些人已经死去很长时间，但奇怪的是，在这么炎热的地方，尸体竟没有一具腐烂。这些人可能是不听劝告偷偷进山寻找珍宝的。可是他们为什么会莫名其妙地死去呢？

　　探险队员四处搜寻线索。突然，一名队员发现从一条地缝里发

出一道五颜六色的光芒，色彩不断变换着。难道真是历代酋长留下的珍宝？经过一个多小时的挖掘，人们终于从泥土中清理出一块重约5000千克半透明的椭圆形巨石。巨石上半部透着蓝色，下半部泛着金黄色光，通体呈嫣红色。探险队员们费了九牛二虎之力，才把巨石挪到土坑边上。这时有一队员突然叫道："不好，我的四肢发麻，全身无力！"另一位队员也说："我的视线模糊不清！"队员们纷纷开始抽搐，相继倒下。此时，只有阿勃还保持清醒，他想这可能与那块巨石有关。他不由得想起那些死因不明的尸体，浑身不禁一颤。为了救同伴，阿勃强拖着开始麻木的身体，摇摇晃晃地向山下走去，准备叫人来。刚走下山，他就一头栽倒了。过路的人发现了躺在路边的阿勃，把他送进了医院。经抢救阿勃终于清醒了过来，在将所发生的事告诉人们之后，他又闭上了双眼。医生检查发现，阿勃受到了强烈的放射线照射。

有关部门立即派出救援队赶赴山上抢救其他七名探险队员，但无一生还。而那块使许多人丧命的"杀人石"，却从陡坡上滚下了无底深渊。科学家们想解开"巨石杀人"之谜，但因找不到实物而无法深入研究。这成了自然界一个未解之谜。

神秘的南极之谜

⦿ ⦿ ⦿ ⦿ ⦿ ⦿ ⦿

南极洲，是一块神秘的大陆。因为，那里有着太多的不解之谜。

在南极附近航行的船员们，时常发现南极洲的一些冰山呈绿色，煞是好看，至于什么原因造成的，一直未被人知晓。

美国一位地理学教授称，这是露出水面的淡黄色生物体与蔚蓝的大海交融，在太阳的照射下显示的绿色。

相信谁也不愿意错过观赏这独一无二的奇异景观。

探险家们发现，在南极洲的对岸，接近印度洋之处有许多巨型冰雕，像海豚、海狮等多种动物造型。

这些动物造型惟妙惟肖、栩栩如生，即使睫毛、爪子也是清晰可辨，高的有五十多米，矮小的也有二十多米，在海面上四处漂浮。

南极动物冰雕，究竟是天然形成，还是人工斧斫，目前依然是一个谜，游人尽可大胆想象。

美国两位玛雅文化研究专家埃里·乌姆兰德和克雷格·乌姆兰德，在《古昔追踪——玛雅文明消失之谜》一书中指出：南极洲在过去并非全部被冰层覆盖，曾经是"适于人类生存"的地方，因此成为神秘的玛雅人在地球上生活的第一个基地。

在南极洲的冰层下，"可能还遗留着他们所用的器材""甚至还有可能找到玛雅人的遗体"。

而且，玛雅人或其他"史前文明人"，似乎在今天仍然生活在南极洲厚厚的冰层下面。

20世纪90年代，美国和俄罗斯

的人造卫星发现，在南极洲的冰原下，竟然有一个隐藏着的城市。

专家们介绍说，这个城市位于南极冰原下约1.6千米，直径有16千米长，市内有高楼大厦，而且有移动交通。"冰城"建筑在一个圆拱形空间内，城市使用某种类似核能的能源，足以容纳2000人居住。

太空专家们称，这些生命代表的文化已有5万～10万年的历史，那时，人类尚处于穴居和茹毛饮血的洪荒时期。

而美国航空局及宇宙航行局的科学家们进一步推测，"冰城"内的生命，可能是宇宙中一个已经消失的文化人群的后代。

南极洲，确实可以称得上是一块谜团四伏的大陆。

看似平静的南极，真实是一块谜团四伏的神秘大陆

石岛形成之谜

◉ ◉ ◉ ◉ ◉ ◉

西沙群岛有一个由珊瑚等生物砂岩组成的小岛，人们称它为石岛。石岛南北长380米，东西宽260米，面积仅0.06平方千米。西沙群岛各个岛屿的海拔高度一般是5～6米，最高不超过10米，而石岛中央的海拔高度为15.2米，像金字塔一样耸立在西沙群岛之中。那么，这座奇特的"金字塔"是怎样形成的呢？

西沙群岛由十几个砂岛组成，最大的永兴岛面积为1.65平方千米，其他岛屿面积都不到1平方千米，它们都是由松散的珊瑚、贝壳等生物砂堆聚而成。每当海底珊瑚向上生长到海平面位置，就会被海浪削平，使珊瑚礁顶部形成一个平坦的台面，称为礁坪。礁坪上，有少量珊瑚和藻类植物生长，大量

的是珊瑚、贝壳等被风浪击碎的碎屑，有的为砾石，有的是砂。波浪和风把礁坪上的这些生物、沙砾堆积起来，便形成砂岛。这些砂岛外缘有一环沙堤，中央为一洼地，多数已干涸，少量为泻湖。而石岛却不然，它由坚硬的层状生物砂岩构成。根据科学测定，西沙群岛的永兴岛等岛屿年龄一般不超过6000年，而石岛比它们老得多，年龄在12000～24000年之间。

一般层状砂岩是底部年老，上部年轻。石岛比较奇特，它底部年轻，为14000～17000年，越往上越老，金字塔最高点最老，为22000年，整个岛好像是被人倒置过来似的。因而有的学者推测，在石岛附近原来有一个由珊瑚等生物砂岩组成的较大的岛，它不断被风化、剥

蚀，这个岛顶部较新的生物砂岩被剥蚀下来，堆积成石岛底部砂岩，而它较老的底部生物砂岩被剥蚀下来，堆积为石岛的顶部，这样，石岛的年龄便出现倒置现象。果真如此的话，那么，那个被破坏了的岛应比石岛更大，位置也应比石岛高，但目前还找不到证明这个大岛存在过的任何证据。

有的学者则认为这是雨水冲蚀造成的。组成石岛的生物砂岩是生物骨骼碎粒，化学成分是$CaCO_3$，当石岛上层的生物砂岩遭到雨水冲蚀，一部分$CaCO_3$被溶解，随雨水渗到石岛底层沉淀下来，生长为新的年轻的方解石结晶，它们与原来的生物砂岩的年龄一平均，便使整层岩石的年龄变年轻了，而相对上部生物砂岩年龄来说，便形成了年龄的倒置现象。

上述说法究竟谁对谁错，尚无定论，还需要科学家进一步研究、探索。

小岛为何哭泣

◉ ◉ ◉ ◉ ◉ ◉

一天，太平洋上晴空万里，天高气爽。美国"新德尼号"货轮正在执行任务，船长尼·哈贝第一次航行在这一带海域，不免有些紧张。但看到洋面上风平浪静，无任何异常，紧张的心也慢慢平静下来，随意观赏起这美妙的风景，几只海鸥追逐着浪花，两条巨鱼从海里跃起，闪出一片夺目的银光……就在这时，前方发现一个小岛。尼·哈贝下令："绕过小岛，继续航行。"很快船行到小岛右侧。一个年轻的船员正在甲板上拿着女友的照片细细欣赏，快乐地想马上就要见到她了，一年多没见面了，幸好这次卸货的地点就在她的家乡，一定要去看看她。忽然，他隐隐约约听到一阵哭啼，仔细去听，确实有人在哭。这是谁呢？他环顾四

周，看同事们都很高兴，没有人哭。他心里一惊，莫不是岛上有人受困。他立即向船长报告。尼·哈贝走上甲板，用望远镜眺望小岛，可岛上连一个人也没有，侧耳细听，确有阵阵哭泣声。尼·哈贝松弛的神经猛地又紧张起来，立即下令："全速前进！"船员大都不理解，"有人遇难，为何见死不救？"船长无奈地解释："如果岛上果真有人，我们一定尽力抢救，可是没发现人啊。再说已近黄昏，如果是海盗耍花招，诱我们上岛，怎么办？我们的任务呢？"众人无语，纷纷散开，一夜无事。过了两天，船抵达港口。卸完货，船长放假，大家出去玩。尼·哈贝嘱咐那个要去看女友的小伙子回来时悄悄买几支枪。

当"新德尼号"返回时，又经过那个小岛。下午2点多，岛上又传来阵阵哭泣声，撕心裂肺。船长大手一挥，说："放下橡皮船，上岛搜查。"在尼·哈贝的带领下，四个船员各带一支枪登上橡皮船，冲向小岛。很快一行五人登上小岛，只听岛上一片哭泣声，有时像众人号啕，有时像群鸟悲鸣，像是在诉说无尽的冤屈，又像是在拼命地呼喊"救命"，令人毛骨悚然。可奇怪的是，一个人也没发现，连一条小路也没找到。看到这种怪现象，尼·哈贝带着四名船员慌忙逃回"新德尼号"。这次航行发现小岛哭泣的消息很快传遍美国，许多船只特意绕过来想探个究竟，都无果而终。但凡听到这哭声的人，无不感到惊奇、恐惧甚至伤心落泪。

小岛究竟为什么要哭个不停呢？是遭遇海难的人阴魂不散吗？还是这里地理位置比较特殊呢？

喜欢旅行的海岛之谜

◉ ◉ ◉ ◉ ◉ ◉ ◉ ◉ ◉ ◉

　　岛屿是地壳的一个组成部分，它应属于高出海面的海底山峰，如同陆地上的山丘一样，屹立在那里岿然不动。然而，人们在南极的大西洋沿岸却发现了一个会移动的海岛，它就是布比岛。

　　布比岛是1739年由法国旅行家让·巴基思特·布比发现的，故得此名。布比在航海中发现了这一海图上不存在的小岛后欣喜若狂，他当即打开地图，在上面准确地标出了该岛所在的经纬度。后来的几十年人们多次登岛，并在岛上建立了气象站。然而，就在前两年当一组挪威科学工作者登上该岛，准备维修岛上的气象站时，发现这个岛所处的位置与现在地图上的标志完全不符，而向西移出了2500米左右。难道是这张地图上标错了吗？他们

又查了所有地图，证明标得正确。那么是岛屿自己移动了位置吗？这是不可能的。那么是什么原因使布比岛的位置发生了变化呢？难道它真的是一个奇特的会旅行的岛吗？这一问题引起了科学家们的注意，他们从各种不同角度，对该岛进行了调查、分析、研究，但始终没有弄清岛屿移动得如此之快的原因。

　　在位于加拿大东部的哈利法克斯200千米远的北大西洋上也有一座会旅行的岛，这就是塞布尔岛。从海图上看，这个岛尤其是在它的东西两端密布着各种不同的符号。这些大小不同的符号，标志着曾有五百多艘船只沉没于此地，使五千多人丧生海底。所以，人们称这岛为"沉船之岛"，这里的海域被称为"大西洋的坟场"。

塞尔布岛是一个狭长的小岛，岛上一片细沙，只星星落落地生长着一些沙滩小草和矮小的灌木。岛是由于海流和海浪的冲击，沙质沉积物堆积成的一座长120千米，宽16千米的沙洲，露出海面上的小小一部分。这样的一个小岛很难经得起风浪的冲击。几千年来，每次较大的风暴都会使它的位置和面积发生变化。仅在最近的200年中，该岛的长度已减少了一半，位置东移了20千米。一百多年前建在该岛西端的几座灯塔已陆续沉没，现仅保存着1951年以后所建的两座新灯塔。

历史上之所以有这么多的船只在这里遇难，是因为该岛的位置经常发生迁移变化，岛的附近又是大批浅滩，许多地方水深仅有2~4米，加上气候恶劣，风暴常见，所以船只搁浅沉没事件屡有发生。但是对这样一个既会旅行又充满灾难的小岛，航海者为什么不避开，反而自投罗网呢？是岛移动的速度太快令人避之不及，还是其他原因？人们不得而知。

据说塞尔布岛是一个既会旅行又充满灾难的小岛

鬼城之谜

◉　◉　◉　◉

　　大千世界，无奇不有。在非洲西部有一座被人们称为"鬼城"的地方，以其特有的"鬼气"吸引了大批考古学家。

　　"鬼城"的发现是偶然的。1975年，刚刚毕业于考古学专业的罗德力克·麦金托斯，在非洲西部马里共和国的金纳城听说在离金纳城3000米左右的地方，有一座荒无人烟的"鬼城"。当地人说这座"鬼城"是古代金纳人的居住地，后来不知是什么原因，城里的人都神秘地失踪了。信奉鬼怪的金纳人认为，是魔鬼带走了他们。所以，附近的居民从来不议论这座城池，更不敢轻易踏进这块土地。

　　1977年1月30日，在马里共和国的支持下，罗德力克·麦金托斯和一些考古学家进驻"鬼城"，开始了对"鬼城"的考察。

　　从已发现的房屋、地基、围墙的遗址中可以看出，当年有数千人曾在这里居住。随着挖掘工作的一天天深入，呈现在人们面前的文物越来越多：谷壳、动物的骨头、不完整的陶器、陶俑等等。所有证据都表明这座古城在那个时代，具有相当大的规模，相当高的文明程度。但从挖掘出的各种器具上看不出这里住的是什么人，在这里住了多少年。考古学家通过对这些文物的测定，确认这座古城建造于公元400年，公元1300年左右被城里的人遗弃。

　　学术界始终认为，9世纪，北非阿拉伯人进入撒哈拉沙漠并开始进行贸易后，都市化的概念才传到西非。按这一时间推算，所有西非地区的古城最早不能超过13世纪。然而，这座古城的出土不仅震惊了学术界，更把西非文明诞生的时间大大地向前推进了。这座古城到底是何人兴建？城内的人都从事什么行业？他们靠什么使这里初具规模？这些都是令考古学家迷惑不解的问题。为了尽快找到答案，1981年，罗德力克·麦金托斯再一次带领考古学家，对古城进行了第二次挖掘。由于这次的挖掘工作比较细致，洞穴挖得比较深，所以开工不久就大有收获。首先发现了一个与现代金纳人家庭结构比较相似的古金纳人家庭的旧址，随后又发现了一些铁制品和石制的手镯，以及金制的耳环、鱼钩、铁叉、铁刀和陶器。这时，考古学家对古城又做出新的判断，他们认为古城连同周围的小城人口最多时差不多达到两万，他们中有从事铁器、陶器、金器制造业的，有从事贸易的。但是，令考古学家困惑的是由什么人来组织贸易？这个问题至关重要，如果知道是什么人，那么就能推断出是谁先到的北非，教古金纳人盖城堡，然后又神秘地令古金纳人消失的。考古界先后否定了罗马人、埃及人和拜占庭人，这就等于否定了地球上的人类。于是有人提出，也许真有天外来客在这里居住，附近的人叫这里"鬼城"，可能与这些人出现的方式有关。人们猜测这些天外来客教古金纳人建筑城堡，进行贸易，然后悄悄地离去。之后，由于没有他们的指导，古金纳人很快衰落并逐渐解体。这只是个大胆的猜测，事实究竟怎样，还有待于考古学家进一步研究、探索。

死亡陵园之谜

◉ ◉ ◉ ◉ ◉ ◉

密克罗尼西亚是1986年独立的西太平洋的小岛国。这里被称为"南马特尔"（意为"环绕群岛的宇宙""众神之家"）的神出鬼没的海上陵园，令不少探险家既神往，又恐惧。它今天仍引起科学家的关注与争论。

美国一个科研小组，对这个由成千上万根石柱围构着的陵墓群的石柱材质进行碳化测定，确定其建造年代为公元1200年左右。石柱材质与本岛北部的火山玄武岩相同，可见石材取之于本岛。当时，统治者是萨乌鲁鲁王朝，它存在两百多年。史学家估计，王朝可调动的劳力约1000名，要完成如此浩大的工程，似乎是不可能的。如果能取得陵墓中的棺椁与随葬物，便可能揭开历史的真相。然而，当地传说墓岛有"咒语"保卫着，谁都无法进入。探险家是不信邪的。然而，确实不能进入这片遗址，挖掘这块墓地，凡前往的探险者不是命归黄泉，就是望而却步。20世纪20年代，日本攻占密克罗尼西亚，东京大学教授杉浦健一企图破译"南马特尔"石柱群与岛墓群的秘密，逼迫占领者抓来的酋长说出入岛的"咒语"。酋长泄密后，遭击殛死亡。杉浦健一教授按"咒语"进入墓地，获得第一手资料后回日本，撰写《墓岛秘闻》书稿，书未写完，竟伏案暴死。另一位历史学家泉靖一决定完成杉浦健一未竟事业，刚接手续写，也突然身亡。两名教授的家属认定是《墓岛秘闻》害死了他们，愤然烧毁了手稿与全部资料。50年后，日本生物学家白井祥平决心对墓岛探险，他租了一条渔船，带了一名水手与一名助手，趁涨潮进入"南马特尔"一个叫"南托瓦斯"的小岛，他看见了一座用玄武岩柱垒起来的神庙状建筑物，石墙分内外两重，小船进入内侧时，阳光灿烂的天空突然黑暗下来，接着电闪雷鸣，下起倾盆大雨，有经验的水手赶紧调转船头，逃离墓地。"南马特尔"迄今仍是无人能真正进入的"死亡陵园"。

埃及图坦卡蒙王陵也是这样的"死亡陵园"。传说王陵中埋藏了无数稀世珍宝，且未遭过盗掘，因为墓穴的入口处赫然写着："任何盗墓者都将遭到法老们的诅咒！"凡进入墓穴的人，确实都神秘死亡了。1922年，英国富豪卡那蓬公爵与考古学家哈瓦德·卡塔博士，决定对王陵进行探险、发掘，他们进入墓道，见到了罕见的法老黄金面罩与价值连城的财宝。但卡那蓬公爵被一只小蚊子叮咬后，突然去世。紧接着，去王陵探险、参观的威尔夫·尤埃尔与美国铁路大王乔奇·库尔德也落水溺毙与病死。

闪电

无所畏惧的科学探险者不顾王陵的"咒语"，继续他们的事业。卡塔博士、阿·萨·麦斯教授与霍瓦依特博士合作，对王陵继续研究。但他们中的两人未能幸免。麦斯教授刚进入图坦卡蒙王棺椁房间，就瘫倒在地，气绝而亡；霍瓦依特则刚走进棺椁房间便觉浑身难受，过几天便自杀身亡。

称"死亡陵园"具有置人于死地的"咒语"，显然是神灵论者的胡语。但为什么发生这么多意外死亡事件？科学家们对此做了各种推测。有人认为，陵墓建造人为防止盗墓，可能在安置棺木的房间砖石上涂上了毒剂，因为气候干燥，毒性可长久保持。也有人认为，墓穴中可能滋生着迄今未认识的致命细菌或病毒，它可能摧毁肉体与神经系统，且可能会传染。当然，也有人坚持认为，真有"咒语"的法力存在，不然难以解释"泄密"的酋长死于非命与气象变化的神秘莫测等。当然，尽管存在巨大的危险，但科学研究无禁区，"死亡陵园"的秘密，在新的世纪必将被科学家揭开谜底。

恐怖谷之谜

◉ ◉ ◉ ◉ ◉

在我国陕西省旬阳县境内，有一条幽深而狭窄的峡谷，被称作"哭谷"。1980年6月的一天，几名地质人员路过"哭谷"时，正值阴雨天，阴云随着山风徐徐掠过峡谷上空，突然传出一阵震耳的枪声，大人、小孩凄厉的哭喊声，恐怖的气氛使地质人员心头发颤。究竟发生了什么事？然而，审视峡谷，一切如常。原来，据说新中国成立前夕，曾有一个戏班子路过这里，被国民党军队用机枪屠杀于峡谷之中。当时天阴沉沉的，枪声、人们的惨叫声响彻峡谷。以后，每年到这时碰上相同的天气，寂静的峡谷就会变成真正的"哭谷"，昔日的枪声、哭叫声复响人间。

广西融水县有一处著名的风景区"古鼎龙潭"。1987年1月10日清晨6时，这里忽然响起此起彼伏的"古道场"的锣鼓声、吹唢呐声、敲木鱼声，声音越来越响，并且富有节奏感，直到当晚10时，龙潭鼓乐声才停止。当天有七千多人听到这奇异的鼓乐声。这种现象曾在1953年出现过一次，事隔三十余年又重来，其间的奥秘尚待揭示。

自然界的这种储存历史音响的现象，表现最多的则与战争有关，好像昔日战场易产生音响奇闻。

1951年8月4日凌晨，两位正在法国普伊斯村度假的妇女，突然被一阵阵震耳欲聋的炮声惊醒。起初，她俩以为发生了战争，可是屋子外面毫无动静，炮声足足响了三个小时才告平息。

英国有关研究组织惊奇地发现，她们所描述的声音，与1942年

9月19日英国、加拿大联军突然袭击被德军占领的诺曼底狄厄普海港的战斗十分相似，而普伊斯村正是联军登陆地点。研究人员查阅了当时的军事记录，发现这两位妇女听到的飞机声、炮火声以及突然出现寂静的时间，与当时战争中的登陆、炮火支持、空军支持以及海军轰击停止的时间几乎相同。

我国山海关附近有一片森林。一天夜晚，露宿在林间开阔地里的地质勘探队，忽然听见帐篷外杀声震天，刀剑的撞击声和战马的嘶叫声交织成一片。但是到天亮一看，这里依然是野草青青，古树森森，什么也没有发生过。第二天，又出现了这种现象。后来他们从史书上看到记载，原来这个地方曾是一个数百年前的古战场。有的研究者提出，这里的古树是否也会产生天然录音效应呢？

在玉门关不远的一个峡谷里，每逢阴雨、湿热的天气，晚上便会听到鼓角声声，呐喊震天，战马嘶鸣，兵器铿锵，仿佛有千军万马在激烈厮杀。古建筑设计院的一位教授通过查阅古籍、实地调查，向人们揭示了这样一段史实：

1700年前，西晋大将马隆率3000人马与羌兵万余人马曾在此地混战多时，双方伤亡惨重。马隆见敌众我寡，硬拼难以取胜，就想利用当地的磁铁矿，设计智取。他派兵丁预先挖来好多磁矿石摆放在一个险要峡谷的入口两旁，然后让全军兵马用牛皮甲替换掉铁甲，与羌兵交战。当晋兵佯败将羌兵引近峡谷口时，磁矿石产生的磁场吸引着羌兵身上的铁甲，使他们个个东倒西歪，挣脱不开。这时，恰遇倾盆大雨，马隆率部调头杀回，全歼羌兵……

由于当时激战的声音被附近的"磁场"录了下来，才使玉门关附近的这个古战场的面目被今人所知晓。

潜伏的怪兽

◉ ◉ ◉ ◉ ◉

在神农架石头屋村附近，有一个深水潭。1986年，当地农民发现了潭中有三只怪兽。它们的表皮呈灰白色，长相与蟾蜍相近，体积却是蟾蜍的几十倍。这种怪兽有两只圆眼睛，嘴巴极大，嘴里可喷出几丈高的水柱。发达的前肢上有五个粗长的手指，指与指之间用蹼连接，在指尖还隐藏着锋利的爪，这有些像鳄鱼。它们上半身露出水面，下半身浸在深水中，所以，人们至今也不知它们的下面是什么样子，有没有尾巴。这种怪兽似乎有冬眠的习惯，冬季从来都看不见它。

这种水中怪物到底是什么，就连动物学家都不敢妄下断言。有的专家指出，大约7亿年前，神农架地层开始从海洋中崛起，几经沉浮，最后形成今天的陆地。所以，我们有理由相信古生物的后代有条件在这里存活。如果真是这样的话，那么，它是哪一种古生物的后裔呢？

相传这里潜伏着怪兽

潮水洞预测天气之谜

◉ ◉ ◉ ◉ ◉ ◉ ◉ ◉ ◉

湖北宜昌土城乡附近的崇山峻岭间有个潮水洞，洞内有两个半圆形深蓝色的水潭，它的总面积不过10平方米。水潭每三天涨一次水，千百年来从未改变过这一规律。不涨潮时，水面低于溢水道口七十多厘米，平静得没有一点生息。每当临要涨潮时，原本宁静的潭水就会漩涡涌动，水浪一浪高过一浪，向洞壁猛烈地冲击。随后水位急剧上升，潮水如脱缰的野马，咆哮着冲出洞口，流向溢水道，顺着溪沟奔腾而下，几百米之内都能听见波涛汹涌之声。这个过程每次持续近四个小时，之后潮水渐渐回落，波浪逐渐减小。待潮水完全退去后，山岭又恢复了宁静。

这个潮水洞还有一个让人称绝的功能，那就是人们可以通过潮水洞水流的变化，来准确无误地预测天气。降雨前，涨潮流出的水浑浊；干旱前，潮水清澈透明。人们根据对潮水洞水流的观察结果，进行抗旱或防涝的准备工作。潮水洞预报天气的功能，至今无人能给予明确、科学的解释。

冷暖洞之谜

◉ ◉ ◉ ◉ ◉

神农架有好几个山洞，其中最大的一个，当地人给它取名为"冷暖洞"。山洞里到处是奇形怪状的石柱、石笋、石帘和石鼓。洞中的面积很大，大约可以同时容纳几千人。在大自然中，有这样的山洞并不奇怪，令人感到奇怪的是，在洞口有一条非常明显的冷暖交界线：站在冷的一边，人们感到冷风飕飕，寒气逼人；站在另一边，马上就有春风拂面来的感觉。左右两边相隔不过是一条线，但温度却相差10℃以上。什么原因造成了这么大的温差？有人认为，洞中温度低是正常的，而温度高的一边可能是由于它的下面有温泉，使上面的土地受热散发热量。但是根据渗透原理，长年累月地挨着温度较高的地方，不可能有一条明显的分界线。还有人对洞口的结构产生了兴趣，他们认为由于洞口的构造比较奇特，故此产生了这种奇怪的现象。目前，这两种观点各执一词，但都缺少足够的说服力。

宋洛乡里有一处冰洞，只要洞外自然温度在28℃以上时，洞内就开始结冰，山缝里的水沿洞壁渗出形成晶莹的冰帘，向下延伸可达十余米，滴在洞底的水则结成冰柱，形态多样，顶端一般呈蘑菇状，而且为空心。进入深秋时节，冰就开始融化，到了冬季，洞内温度就高于洞外。

神农架确实是罩着层层神秘面纱的神奇之地。

玛瑙湖之谜

◉　◉　◉　◉　◉

玛瑙是玉髓的变种，因其颜色美丽多变、透明度不同而呈现出神话般玲珑剔透的色彩，自古以来就受到世界各地人们的喜爱，被用作装饰品和实用器具。美索不达米亚是传说中亚当的花园，也是世界上最早的文化发源地之一。据有关资料记载，那里早期的居民沙美里亚人，似乎是最先用玛瑙来做图章、信物、戒指、串珠和其他艺术品的人，沙美里亚人制作的在隆重仪式中使用的玛瑙斧头，现在被陈列于美国国家历史博物馆。

一块玛瑙也许并不罕见，但如果说有一个地方，在几十平方千米甚至更大的面积内，遍地都是玛瑙，恐怕就没多少人敢相信了。世界上真有这么美丽的玛瑙王国吗？有，当然有。这个地方就是玛瑙湖。在那个神话般美丽的地方，一眼望不到边的玛瑙，红的、黄的、紫的、黑的，最多的是琥珀色的，在阳光照射下熠熠生辉，华丽无比，令人神往。玛瑙湖的总面积大约四万多平方千米，仅湖心地区就达几十平方千米。湖里不但有玛瑙，还有蛋白玉、风凌石、水晶石等多种宝石，是一块名副其实的璀璨宝地。但它地处内蒙古西部的茫茫戈壁之中，世人很难见到它的真面目。

这里的玛瑙是怎样形成的呢？科研人员认为，大约在一亿年以前，这里的地下岩浆由于地壳的变动而大量喷出，当喷出的熔岩冷却时，蒸气和其他气体形成气泡，气泡在岩石固结时被封起来而形成洞穴。很久以后，含有二氧化硅的溶液渗入气泡，凝结成硅胶。含铁岩石的可溶成分子进入硅胶，最后随着失水二氧化硅结晶为玛瑙。玛瑙在宝石中的价值并不高，但是其中的珍品却价值连城，在玛瑙湖就发现了世界上最为奇特的"玛瑙雏鸡"。从表面上看，它似乎就是一个鸡蛋形的石头，然而，当科研人员用激光照射这块鸡蛋形的石头里面时，眼前的奇迹使得他们简直不敢相信自己的眼睛，原来，他们发现里面竟然有一只小鸡，小鼻子、小眼、小嘴巴清清楚楚，栩栩如生。通常的动物化石是硅化物，而这只活灵活现的小鸡却俏皮地身处于亿万年风雨的杰作——玛瑙之中，这种世间罕见奇观，令人惊叹不止又困惑不已。

这只小鸡到底是怎么回事呢？这里的玛瑙形成于一亿多年前，一亿多年前的地球正处于从侏罗纪到白垩纪，是恐龙占据绝对优势的时代，这时根本就没有鸡类存在。在6000万年前左右，才由某种爬行动物进化成鸟类（目前已知的最早鸟类为始祖鸟）。至于鸟类中出现鸡类，可能是几十万年前的事。而人类再把野鸡驯化成家鸡，更是有四五千年的时间。那么，这只小鸡又是怎么在一亿多年前，进入这块奇特的玛瑙里边去的呢？尽管人们利用了激光等高科技手段，对这块玛瑙进行观测和研究，但对这只玛瑙里的小鸡却依然束手无策，没有任何办法来解释。

美丽的湖，神奇的玛瑙石，给人们带来许多不解之谜

龙游石窟之谜

◉　◉　◉　◉　◉　◉

　　龙游石窟的发现，引起了我国各界专家学者的高度关注和极大兴趣。江浙一带是我国历史上开化较早的地区，但龙游石窟却在任何历史典籍中都没有记载，这就不能不使人感到神秘与困惑。于是，这些石窟是什么人在什么时候为什么而建造的，就成为人们最关心的问题。

　　龙游石窟是坐落在浙江省龙游县小南海镇石岩背村凤凰山上的一处规模浩大的地下人工石窟建筑群。在已发现的23个石窟中，最大的洞穴有3000多平方米。我们不妨看看其中一个比较典型的洞穴——二号洞。该洞是一座厅堂式建筑，由于洞穴发现时间不长，洞中存有6米多厚的淤泥尚未清理。经测量，该洞面积1200平方米，洞高20米，洞厅有4根刻有鱼尾状花纹的石柱作支撑，其中最粗的一根需要5人才能合抱，洞中还有一个15平方米的蓄水池。整个洞穴精雕细刻，让人叹为观止。

　　据有关专家考证，造型精美的龙游石窟为人工所凿。全洞的形状、开凿技法、图案刻画风格等，明显属于汉代。尤其在一号洞上端发现的一幅马雕刻画，刻画的风格、技法与汉代的马雕刻非常相似，而在马的下方有一鸟，这是汉魏时期古越族所崇尚的图腾。由此人们推断，龙游石窟应形成于汉代。

　　究竟是什么人，出于何种需要建造了如此巨大、精美的石窟群呢？如此浩大的一项工程，为何现存史料竟无记载？

中国南海魔鬼三角之谜

◉ ◉ ◉ ◉ ◉ ◉ ◉ ◉ ◉ ◉ ◉ ◉

　　1979年5月中旬的一天，阳光灿烂，清风徐吹，一艘菲律宾货轮"海松"号正开足马力，由中国南海向马尼拉方向驶去……与此同时，马尼拉南港"海岸防卫队"的无线电接收机突然收到一个紧急呼救信号："海松"号在台湾以南、吕宋岛以北海域遇难。信号来得是那样突然，又消失得那样急促，甚至来不及报告遇难原因和当时的情况。搜寻小组火速赶往出事海域，经多方搜寻，非但25名船员踪迹全无，就连上千吨重的货轮也没有留下半点残迹。

　　在此7个月后的12月16日，在"海松"号发出最后求救信号的海面上，由菲律宾马尼拉驶往中国台湾的"安吉陵明"号货轮又失踪了。

　　1980年2月16日，距"安吉陵明"号遇难正好两个月，灾难又一次发生了。东方航运公司的"东方明尼空"号货轮在行驶到香港与马尼拉之间时，与陆地控制室的通讯联络突然中断……

　　不到10个月的时间，三艘货轮在同一海域神秘失踪，引起了人们极大的恐慌。人们惊奇地发现，这片西起香港，东到台湾，南至菲律宾吕宋岛，面积约10万平方千米的海域位置，恰好与举世闻名的"百慕大魔鬼三角区"的位置遥遥相对，于是，中国南海"魔鬼三角"的称谓不胫而走。中国南海"魔鬼三角"与百慕大三角有许多相似之处。第一，这两个海域都是世界上最危险的海域，至今已有大量船只和飞机在这两个海域神秘失踪，而且均未留下任何痕迹，无法确定失踪原因。第二，这两个海域都呈三角形。第三，这两个海域都位于大陆的东方，海底地形复杂，海水极深，洋流强劲，经常出现巨浪、海啸、漩涡、台风等恶劣海况。第四，这两个海域都是"无偏差线"通过的地方。"无偏差线"是看不到的，而且经常移动，直接影响地球磁场。

比较三次发生在中国南海的船只神秘失踪事件，人们发现它们竟有惊人的相似之处。首先是事出突然。失踪船只都是在刚发出求救信号后，无线电联络就立即中断，这说明灾难是在没有任何预兆的情况下突然降临的，遇难过程短暂，或通信设备在瞬间遭到干扰破坏。其次是船员全部失踪。每艘船上都有许多船员，可事后救援人员虽多方搜寻，却从未找到一名幸存者，甚至连尸体也没有见到。虽然不排除被出没此处的鲨鱼吞噬的可能，但不留一点残骸是不太可能的。再次是船只踪影全无。在出事地点均未发现船只留下的任何遗物，比如救生筏、碎片或油渍等，海面平静得就像什么事也没发生过一样。那么，这一件件船只神秘失踪案的罪魁祸首是谁呢？

近年来，随着海洋物理学的发展，科学家们在大洋中发现了中尺度涡漩。南海岛屿众多，沿岸流、南海暖流、南海环流以及黑潮的汇聚，都为涡漩的形成提供了条件。南海的船只失踪事件是不是与洋流和涡漩有关系呢？

大量船只和飞机在"魔鬼三角"消失成为今日之谜

黑竹沟之谜

◉ ◉ ◉ ◉ ◉

　　这里古木参天，箭竹丛生，一道清泉奔泻而出。传说，在沟前一个叫关门石的峡口，一声人语或犬吠，都会惊动山神摩朗吐出阵阵毒雾，把闯进峡谷的人畜卷走。传说不足为奇，而实际发生的一桩桩奇事却令人大惑不解。

　　1955年6月，解放军测绘兵某部的两名战士，取道黑竹沟运粮，结果神秘地失踪了。部队出动两个排搜索寻找，一无所获。

　　1977年7月，四川省林业厅森林勘探设计一大队来到黑竹沟勘测，宿营于关门石附近。身强力壮的高个子技术员老陈和助手小李主动承担了闯关门石的任务。第二天，他俩背起测绘包，一人揣着两个馒头便朝关门石内走去。可是到深夜，依然不见他俩回归的踪影。

　　从次日开始，寻找失踪者的队伍逐渐扩大。川南林业局与邻近的峨边县联合组成的百余人的寻找失踪者的队伍也赶来了。人们踏遍青山，找遍幽谷，除两张包馒头用过的纸外，再也没有发现任何蛛丝马迹。

　　1986年7月，川南林业局和峨边县再次联合组成二类森林资源调查队进入黑竹沟。因有前车之鉴，调查队做了充分的物资和精神准备，除必需品之外还装备了武器和通信联络设备。由于森林面积大，调查队入沟后仍然分组定点作业。副队长任怀带领的小组一行七人，一直推进到关门石前约两千米处。这次，他们请来了两名彝族猎手做向导。

　　当关门石出现在眼前时，两位猎手不想再往前走。大家好说歹说，队员郭盛富自告奋勇打头阵，他俩才勉强继续前行。及至峡口，他俩便死活不肯再跨前一步。副队长任怀不忍心再勉强他们。经过耐心细致地说服，好容易才达成一个折中的协议：先将他俩带来的两只猎犬放进沟去试探试探。第一只灵活得像猴一样的猎犬，一纵身就消失在峡谷深处。

古木参天、清泉奔泻的神秘山沟吞噬了无数生命

可半小时过去了，猎犬杳如黄鹤。第二只黑毛犬前往寻找伙伴，结果也神秘地消失在茫茫峡谷中。两位彝族同胞急了，不得不违背沟中不能"打啊啊"（高声吆喝）的祖训，大声呼唤他们的爱犬。顿时，遮天盖地的大雾不知从何处涌出，九个人尽管近在咫尺，彼此却根本无法看见。

惊异和恐惧使他们冷汗淋漓，大气不敢出。副队长任怀只好一再传话："切勿乱走！"大约五六分钟后，浓雾又奇迹般地消退了。玉宇澄清，依然古木参天，箭竹婆娑。队员们如同做了一场噩梦。面对可怕的险象，为确保安全，队员们只好返回。

黑竹沟，至今仍笼罩在神秘之中，或许只有消失在其间的人才知道它的谜底。

鄱阳湖之谜

鄱阳湖是我国第一大淡水湖，它位于江西省北部，北吞长江，西倚庐山，素以风光秀美、景色宜人、水产资源丰富而著称于世。然而，在这湖中却有一个令当地船工闻风丧胆的恐怖地带，这个地带是一个叫老爷庙的水域。它最宽处为15千米，最窄处仅3千米，全长24千米，是鄱阳湖船只北进长江的必经水路。奇秀甲天下的庐山就巍然挺立在水道的西北面。就是这样一个风光旖旎的景观，谁能想到，千百年来，不知有多少船只和冤魂被它所吞没。

早在一千多年前的宋代，就有关于鄱阳湖水域风浪沉船的记载。近代，在老爷庙水域发生的有文字可考的沉船事件就达千余起。

1985年3月15日，一艘载重25吨的货轮于凌晨6时30分消失在老爷庙以南3000米处的巨浪中。

1985年8月3日，江西进贤县航运公司的两艘排水量20吨的船舶，在老爷庙水域神秘地沉没。同一天，在同一地点遭此厄运的还有另外12条船。

1986年3月15日，江西丰城市一艘载重量为20吨的机动船行驶到老爷庙水域时，突然狂风大作，巨浪滔天，顷刻间就将大船掀入湖底。

据江西省都昌县航监站统计，从20世纪60年代以来，已有200多艘船只在这个可怕的水域谜一般地沉没。

根据历次事故调查，人们发现这样一个奇怪的规律：一是老爷庙水域内的沉船事故发生突然，没有任何预兆，船上的人都是在毫无防备的情况下突遇狂风恶浪的。二是风浪持续时间短暂，但破坏力极大，从黑雾弥漫、巨浪吞噬到风平浪静，往往只有几分钟时间，而船只几乎没有能幸免于难的。三是事故多发生于三四月份，且事发当天都是晴朗天气，阴雨天反而从未发生过沉船事件。

20世纪80年代，一支由自然、地质、气象专家和有关人员组成的考察探险队，对这一水域进行了全面细致的考察。考察发现，老爷庙水域是整个鄱阳湖中少有的大风区，全年有一半时间属大风天。但是谁又能想到，造成老爷庙水域的风力如此之大，持续时间如此之长的罪魁祸首，竟是风景秀丽的庐山呢！

庐山海拔1400多米，与水道走向平行，距鄱阳湖平均5000米。当气流南下时，由于庐山东南面峰峦的阻挡，使气流受到压缩。根据流体力学原理，受到压缩的气流会突然加大流速，于是风越来越大，当到达老爷庙仅3000米宽的水域时达到了最大值。这就像我们在空旷地带感受不到有风，而在狭窄的巷子里却感到阵阵风扑面而来一样，是这种"狭管效应"加快了风速。

狂风掀起巨浪，当鄱阳湖水面刮起6级大风时，波浪可高达2米。按此时每平方米船体遭受6吨冲击力计算，一艘20吨的船，侧面积按20平方米计算，波浪瞬间对其冲击力可达120吨，超出船本身重量的5倍。考察队认为，这就是此神秘水域沉船事故频繁发生的主要原因。

但令人不可思议的是，考察队曾在出事水域方圆十几千米的水下寻找，除了鱼蚌虾蟹外，竟没有发现一艘沉船的残骸。千百年来在这里沉没的上千只大小船只都到哪里去了？阴雨天为什么不发生沉船事件？

太多的疑问还有待人们去探究。

龙潭之谜

甘肃省甘南藏族自治州迭部县桑坝乡有个"骨麻海"，是个群山环绕的高山堰塞湖，它处在终年积雪、银装素裹的迭山主峰之下，四面环山，整个湖呈椭圆形。湖水清澈碧绿，湖四周的岸上树木苍翠。这个美丽的地方，却有一个奇怪的"脾性"：夏天不能在这里高声叫喊，否则，转眼之间就会电闪雷鸣，并伴有倾盆大雨。

有这种"怪脾气"的地方还不只"骨麻海"一个。云南省丽江市境内的老君山，海拔4396米，山势奇伟险峻，风光秀美宜人。在浓荫蔽日的顶峰之上向下俯瞰，会看到许多形状各异相互连缀的水潭，这就是远近闻名的"九九龙潭"。

如果站在龙潭的水边对着龙潭高声叫喊，宁静、碧蓝的天空会突然乌云密布，紧接着便狂风大作，电闪雷鸣。清澈、平静的潭水也像是突然发了疯似的翻滚不止，浊流汹涌。有时狂风暴雨还会挟着鸡蛋大小的冰雹，铺天盖地而至，令人猝不及防，被冰雹砸伤的事时有发生。

因为有了这种奇怪的现象，附近的人们在"九九龙潭"的旁边通常缄口不言，唯恐遇到不测。有趣的是，如果遇上干旱年头，人们便利用潭水的特性高声叫喊或敲击响器，以此来"呼风唤雨"，每每都很灵验。

为什么会出现以上的奇怪现象呢？有人认为这与当地的山川地势、气候水源有密切关系，但没有人能做出具体而科学的解释，因而仍是个谜。

贝加尔湖之谜

俄罗斯的贝加尔湖是全世界最大的淡水湖，面积为3.15万平方千米，平均深度730米。存贮有占全世界总量1/5的淡水。世界上的一些著名湖泊，水量几乎都是逐年减少，可它却在逐年增加。

整个湖区以及附近一带生存着1200多种动物和600多种植物，其中2/3是地球上其他地方很少有的特种生物，有些生物极为珍贵，只在几万年甚至几亿年前的古老地层里才有与其类似的化石。还有不少生物，要到相隔甚远的热带或亚热带的个别地方，才能发现它们的同种或近亲。例如，有种薛虫类动物，它的近亲却生活在印度的湖泊里；还有种长臂虾，只在北美洲的湖泊里才有它的同种。

然而，最令科学家感兴趣并且迷惑不解的是，贝加尔湖中生活着许多地地道道的海洋生物，如海豹、鲨鱼、海螺、奥木尔鱼等。世界上的淡水湖中，只有贝加尔湖湖底长着浓密的"丛林"——海绵，海绵中还生长着外形奇特的龙虾。可是贝加尔湖的湖水一点也不咸，为什么会生活着如此众多的"海洋生物"呢？对此，科学家们作了种种推测。

最初，一些科学家认为，地质史上贝加尔湖是和大海相连的，海洋生物是从古代的海洋进入贝加尔湖的。

苏联科学家维列夏金，根据古生物和地质方面的材料推测，中生代侏罗纪时的贝加尔湖以东地区，曾有过一个浩瀚的外贝加尔海。后来由于地壳变动，留下了内陆湖泊——贝加尔湖。随着雨水、河水的不断加入，咸水变淡，而现在的"海洋生物"就是当时海退时遗留下来的。

20世纪50年代初，人们在贝加尔湖滨打了几个很深的钻井。在取上来的岩芯样品中，没有发现任何中生代的沉积层，只有新生代的沉积岩层。其他的一些材料也证明，贝加尔湖地区长时间以来一直是陆地，贝加尔湖也是地壳断裂活动中形成的断层湖，从而否定了湖中海洋生物是海退遗种的说法。

那么，湖中的"海洋生物"到底从何而来呢？它们又是怎样进入湖中的呢？

神秘的湖泊，湖水不咸却生活着许多海洋生物

间歇泉之谜

◉ ◉ ◉ ◉ ◉

在西藏雅鲁藏布江上游搭各加地区考察的我国科学工作者，有一段描述当地喷泉喷发时动人情景的报道：

"……我们遇到一次令人难忘的特大喷发：在一系列短促的喷发和停歇之后，随着一阵撼人的巨大吼声，高温气、水突然冲出泉口，即刻扩展成直径2米以上的气、水柱，高度竟达20米左右，柱顶的蒸气团继续翻滚腾跃，直捣蓝天，景象蔚为壮观。"

这种泉叫间歇泉。

间歇泉是一种热水泉。这种泉的泉水不是从泉眼里不停地喷涌出来，而是一停一溢，好像是憋足了一口气，才狠命地涌出一股子来。喷发的时候，泉水可以喷射到很高的空中，形成几米，甚至几十米高的水柱，看起来十分壮观。

间歇泉喷出来的时间并不长，喷几分钟、几十分钟以后就自动停止，隔一段时间，又会发生一次新的喷发。如此循环，喷喷停停，停停喷喷，间歇泉的名字就是这样来的。

在国外把间歇泉叫作"盖策"。这个名字是冰岛话的译音。它的原意也是间歇泉的意思。原来，冰岛是一个间歇泉非常集中的国家。在冰岛首都雷克雅未克附近一个山间盆地里，有一片很有名的间歇泉区。"盖策"是其中最有名的一个间歇泉，这个泉在平静的时候，是一个直径20米的圆圆的水池，清得发绿的热水把圆池灌得满满的，并且沿着水池的一个缺口缓缓流出。可是，这种平静的局面维持不了多长时间，就会突然暴怒起来。只见池中清水翻滚，池下传出类似开锅时的咕噜声。很快，一条水柱冲天而起，在蔚蓝色的天幕上飘洒着滚热的细雨。据说，盖策的喷发高度可以达到70米。

因为这个间歇泉很有名，渐渐地，"盖策"就成了世界上对间歇泉通用的称呼了。

在整个世界上，这种壮观的间歇泉并不很多。比较集中的地区，除了上面谈到的我国西藏和冰岛以外，还有美国落基山间的黄石公园、新西兰北岛等地。

美国的黄石公园一向以间歇泉闻名于世，一些远道而来的旅游者到黄石公园去，主要目的就是想看一看那里的间歇泉。

黄石公园里有一个叫老实泉的间歇泉特别有趣。这个间歇泉不仅喷发猛烈，而且特别守时，总是每隔一小时左右喷发一次，从不提前，也从不迟到。所以才得了这个"老实"的美名。可是，后来因为地震，老实泉发生了变化，现在不如从前那么守时了。

新西兰北岛怀蒙谷间歇泉以喷发最高而闻名，最大高度可达450米。可惜好景不长，现在怀蒙谷已经停止了喷发。

我国西藏地区的间歇泉是新中国成立后发现的。搭各加地区间歇泉数量多，喷发能量也大，完全可以和国外各大间歇泉媲美。

间歇泉为什么喷喷停停？它是怎么形成的呢？

喷喷停停不断循环的间歇泉，它的形成至今是一个谜

中外音响胜地之谜

牛鸣石、响山、回音谷、耳语洞、琴石、回音壁、回音塔……一处处"音响胜地",曾经有过,或现在仍有阵阵悠扬之声和回声。

1."狄阿尼西亚士的耳朵"

地中海的意大利西西里岛,有个叫"狄阿尼西亚士的耳朵"的山洞,从洞顶到洞底深40米。人在洞顶贴耳俯壁细听,可听到洞底人的呼吸声。有人试验在洞底喃喃耳语,字字都被洞顶的人听去了。据说,古代一个名叫狄阿尼西亚士的暴君,手段残忍,选该山洞监禁政治犯。狱卒伏于洞顶,用耳朵监视犯人的一举一动;犯人间的交谈,对统治者的不满言论,筹划中的越狱行动,一字一句都传到狄阿尼西亚士那里了。许多义士因为一句

话获罪,惨遭凌迟处死。后来,犯人只敢细声耳语,但耳语也被狱卒窃听去了。犯人终于明白,囚洞处处都有耳朵,只好装哑巴,默不作声,或故意说几句暴君喜欢听的话。

2.靖西牛鸣石

广西靖西市有个叫"叫莫龙"(壮语)的山坳,译为汉语是"牛鸣坳"。山坳横卧两块巨岩,中间留"一线天"让人通行。左边巨岩呈三角形,有汽车之大,远观如一头卧在地上的大灰牛。石面光滑,内有孔洞交错,小如铜钱,大似军号。往孔洞吹气,一阵阵雄浑的"哞哞哞"牛叫声从出气孔出来;吹气越大,声越响,顿时群山共鸣,势如群牛呼应,引得游人兴致大发,纷纷贴洞吹鸣。古人有诗

"伏石牛鸣吹月旋"，说的就是这里石牛一叫，月亮也会跟着旋转起来，用来形容牛鸣石的神奇。

牛鸣石是浅灰色的石灰岩，被雨水溶蚀出许多孔洞，蚂蚁、蛇、鼠和鸟类穿行其中，把毛糙的洞壁打磨光滑了。人往一个洞口吹气，互相串通的孔洞受空气摩擦，便产生铜管乐器的效应，发出动听的牛鸣声。

3.河北青龙响山

河北青龙县老岭山东面有座响山，海拔约1000米，势如黄钟覆地，峭壁危岩，风化剥蚀，隙穴累累，草木稀疏。劲风一吹，擦壁如琴，人穴如笛，搏柱如钟，穿罅如弦，于是百乐和鸣，笙管笛箫齐发，时如高山流水，如泣如诉，时如黄钟大吕，抑扬洪亮。附近农民耳福不浅，每遇阴雨大风时节，都能聆听一场大自然管弦乐队的大合奏。

老岭山拥簇许多同响山一样的山峰，为何独独响山能发声？可能它的岩隙罅穴格外发育，再就是诸峰对响山成合围之势，产生一种微妙的和声效应。

4.世界各地的回音谷

欧洲有几处回音谷、回音岩。

英国牛津一个山谷，开一枪可以听到12响回声，好似一阵机关枪连发。

英国有一个回音谷对性别特别敏感，粗音不理睬，尖声必回应。男低音呼喊多次，杳无回音；女高音一叫，立即欣然回答。这个山谷因而被命名为"提倡女权者"。

爱尔兰吉拉里湖畔有个山峡，朝峡内吹响军号，峡内随即提高8个音阶来和应。

意大利罗马一处古墓群谷地，号称"谦虚和气谷"。据说，它会恭敬地听你吟完一首六韵诗，然后一字不差地重复出来。

前捷克斯洛伐克亚德尔巴哈附近一座圆柱状断岩，你朝岩壁讲几句简短的话，它能将原话重复三次。如果语句太长、话音复杂，它就无能为力，只能嗡嗡混响了。

中国的回音谷在江西弋阳县圭峰，你朝山谷高叫一声，它会回应四声。杭州西湖孤山北麓有座云亭，站在离亭十余米处面向葛岭方向大呼一声，也会传来阵阵回声。

鸣沙之谜

◉ ◉ ◉ ◉

鸣沙，就是会发出声响的沙子。鸣沙，是世界上普遍存在的一种自然现象。美国的长岛、马萨诸塞湾、威尔斯两岸；英国的诺森伯兰海岸；丹麦的波恩贺尔姆岛；波兰的科尔堡；还有蒙古戈壁滩、智利阿塔卡马沙漠、沙特阿拉伯的一些沙滩和沙漠，都会发出奇特的声响。据说，世界上已经发现了一百多种类似的沙滩和沙漠。

中国也有鸣沙地。

例如，甘肃省敦煌市城南6000米的鸣沙山。《太平御览》和《大正藏》这两部书里曾经记载过它，那时候叫"神沙山""沙角山"。鸣沙山东西大约有40000米长，南北大约有20000米宽，高有数十米，山峰陡峭。它的北麓就是特别著名的月牙泉。

人们如果登上鸣沙山往下看，只见沙丘一个接着一个，沙丘如林。如果从山顶顺着沙子往下滑，那沙子就会发出一阵阵的声响，不绝于耳。据史书记载，天气晴朗的时候，鸣沙山上就会有丝竹弦的声音，好像在演奏音乐一样。所以，人们称它是"沙岭晴鸣"，是敦煌的一大景观。

鸣沙，又叫作"响沙""哨沙""音乐沙"。人们发现，鸣沙一般都在海滩或者沙漠里。鸣沙发出来的声响，一般都是在风和日丽或者刮大风的时候，要不就得有人在沙子上边滑动。在潮湿的天气、雨天和冬天的时候，鸣沙一般都不会发出声响。另外，人们还发现，只有直径是0.3～0.5毫米的洁净的石英砂，才能够发出声响，而且沙粒越干燥声响越大。

那么，到底是什么原因使得沙子发出各种各样的声响呢？古时候，由于科学不发达，人们以为这是神鬼在作怪，是地狱的魔鬼在呼叫，是美丽的女妖为了引诱船员们而在沙滩上歌唱，是地下寺院里的钟声在呼唤着僧侣们去祈祷。于是，许许多多带有神秘色彩的故事就在人们当中流传开了。阿拉伯半岛的"钟山"，就有这样一个传说。

传说很久以前，阿拉伯半岛有一个寺院。寺院的僧侣很多，他们每天都要随着敲响的钟声背诵经文。不知道从什么时候开始，这里刮起了凶猛的风沙。后来，风沙越来越凶猛，慢慢地就把这个寺院掩埋了，寺院里的僧侣们死的死、逃的逃，从此这里没有了人烟。可是，路过这里的牧民和游客却经常听到一阵阵悠扬的钟声，这钟声就是寺院当时每天敲打的那种钟声。人们感到特别纳闷：寺院早就被沙子掩埋了，僧侣们也早就没有了，这钟声是从哪里发出来的呢，又是谁在敲打着大钟呢？嗯，这可能是神灵在敲钟吧！从此以后，人们就把这里的沙山叫作"钟山"了。

人们用科学的方法来研究这种自然现象，还是近几十年的事情。科学家们经过认真仔细地研究和试验，提出了各种各样的看法。

1979年，我国有一个叫马玉明的学者，写了一篇题目叫《响沙》的文章，提出了新的见解。他认

奇异的鸣沙好像在演奏着美妙的音乐

为，响沙的"共鸣箱"不在地下，而是在地面上的空气里。响沙发出声响，应该有三个条件：第一个条件是沙丘又高大又陡峭。第二个条件是背风向阳，背风坡沙面还必须是月牙形状的。第三个条件是沙丘底下一定要有水渗出，形成泉和潭，或者有大的干河槽。马玉明还提出，由于空气湿度、温度和风的速度经常在变化，不断影响着沙粒响声的频率和"共鸣箱"的结构，再加上策动力和沙子本身带有的频率的变化，响沙的响声也会经常变化。人们有时候在下雨天去看响沙，发现响沙不会发出声响，正是由于温度和湿度的改变，把响沙的"共鸣箱"结构破坏了。比如宁夏中卫市沙坡头区的鸣沙山，就是因为周围绿化造林等原因，破坏了共鸣的条件，使得它发不出响声了。

有人不同意马玉明的这种看法。因为外国一些海滨的响沙沙滩是非常平坦的。根本就不存在什么又高大又陡峭的月牙形沙丘，而且它们只会在下过雨以后不久，表面层刚刚干燥的时候才发出声响。日本京都府北边有一个丹后半岛，那里的海水浴场上有两处鸣沙地，一处叫琴引滨，另一处叫击鼓滨。这两处沙滩的声响不仅音色完全不一样，而且季节不同发出来的声响也不一样。所以，有的日本学者认为，海滨响沙最重要的条件是要有洁净的海水不断地冲刷。夏天来这里游泳的人特别多，把海水弄脏以后，沙子就不发出声响了。

这到底是怎么回事呢？沙子为什么能发出声响，现在还没有一个能说服人的答案。这个谜团什么时候才能够真正地解开呢？

时空隧道之谜

　　在现实生活中，经常有某个人、某架飞行器、某艘船"失踪"了一段时间的传闻和报告，人们也据此创作了大量的有关时空转换的文艺作品。但现实中发生的此类事件，却至今没有令人满意的解释。

　　1968年，美国航空公司一架大型客机在穿越百慕大海区时，竟在地面雷达荧光屏上消失了10分钟之久，之后它却安然无恙地降落在迈阿密机场，但抵达时间大大提前了。机组人员和乘客虽未遭遇任何稀奇的事件，但飞机上所有钟表都比陆上的慢了10分钟。按照爱因斯坦的相对论解释，只有飞机加速到接近光速，这种情况才有可能发生。

　　1989年，一艘失踪近八年的英国游船"海风"号在百慕大水域的原失踪处重新出现，船上六个人都平安无事，只是他们对消逝的八年时光毫无记忆，都感觉过去的只是一瞬间。

　　1990年初，一艘失踪了24年的"尤利西斯"号双桅帆船，突然停靠在委内瑞拉的加拉加斯市郊的一处荒僻海滩上。三名水手听当地人告知已是1990年时，都吓了一大跳。

　　他们是1966年1月6日从阿鲁巴岛出发的，不料刚刚捕获到一条1109克重的大金枪鱼，台风就袭来了，于是他们匆忙驾船到岸边避风，谁知在恍惚之间竟度过了24个年头。

　　1985年，一架失踪了差不多半个世纪的双引擎客机，在新几内亚的一片森林沼泽内被发现。由当地军方派出的调查人员见到该机时，简直不敢相信自己的眼睛，这架飞机竟像它失踪前一样银光闪闪，几乎毫无改变。让调查人员感到特别惊讶的是，飞机的电池仍充满电，扭动几个开关，机内的灯皆亮了起来。油箱也几乎是全满的。总之，这架"过去的"飞机完全没有损坏。机舱内空无一人，在机舱内找到一份报纸，日期是1937年1月的第三个星期日。在其中的一个烟灰缸内，放了一个空烟盒，这种牌子的香烟在20世纪30年代十分流行，

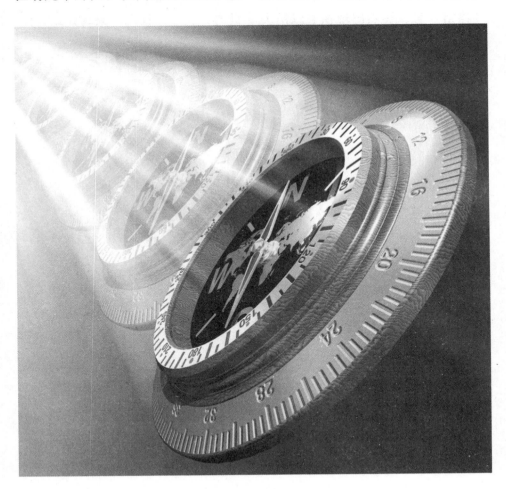

也许在不久的将来人们可以自由穿越时空隧道

但到20世纪40年代已停止生产。而出现在杂志上的服装和发型，也全是美国经济大萧条时期的样式。保温瓶内还有烫热的咖啡，它的味道没有改变。据记载，类似事件在20世纪60年代也出现过。1962年，一架失踪了16年的美国空军轰炸机"格雷"号，突然出现在它以前失踪的空域附近的地面上，驾驶员不见了，飞机上的设备却完好无损。根据对仪器装备的检测分析，"格雷"号好像是当天下午降落地面的，可实际上该机已失踪16年了。

一些研究者认为，这些现象都说明也许存在着"时空隧道"，这些飞机和轮船失踪于"时空隧道"此端，再现于彼端。果真如此吗？

桑尼科夫地之谜

⊙ ⊙ ⊙ ⊙ ⊙ ⊙ ⊙

在冰雪皑皑的北冰洋中，有两个神秘的海岛，它们从19世纪初叶被发现以来，忽而出现，忽而消失，神秘莫测。这两个海岛，是1810年由俄国渔民桑尼科夫发现的，因此被称为"桑尼科夫地"。

俄国政府为了证实这一发现，于1811年3月派遣极地探险家格登什德罗姆前往调查，并指定桑尼科夫做他的向导。他们乘雪橇来到了新西伯利亚群岛中的法捷耶夫岛，向北眺望，清清楚楚地看到大约20俄里远的地方有两片山峦起伏的陆地。但由于受途中巨大的浮冰所阻，他们未能登上这两个海岛。

1820年，俄国政府又派出两支探险队去寻找这两个海岛。一支以阿恩查为队长的探险队曾两次试图冲过冰层，前往桑尼科夫地，但北冰洋翻滚的浮冰阻挡了他们的去路。他们也看到了法捷耶夫岛北方远处的这两片蓝青色的陆地，还看到了鹿的脚印延伸到这两个海岛。

另一支以弗兰格尔为队长的探险队，为了寻找桑尼科夫地，访问了极地居民丘库旗人。据丘库旗人说，在北面的大海中确实有一块很大的陆地，上面居住着他们不认识的民族。可是，这支探险队历尽艰辛，进行了长达五年之久的搜索，却始终未能找到桑尼科夫地。

十月革命后，苏联开始有计划地考察北极。1937年，苏联"萨特阔"号破冰船前去寻找桑尼科夫地，结果是一无所获。1938年，苏联又三次派飞机前去北冰洋寻找，也没有找到。

为了解开桑尼科夫地之谜，

苏联科学院院士奥勃鲁契夫请求苏联北方海运总局派飞机再次去寻找。1942年7月14日，飞行员科托夫驾机出发，沿着新西伯利亚群岛和贝内特岛进行勘测，最远到达北纬80°处，但仍未发现任何陆地。1944年8月25日，飞行员查特科夫又一次驾机来到了这块地方进行考察。可是他除了看到漂流的浮冰外，其他什么也没有发现。

这最后两次的飞行勘探，明白无误地证明了桑尼科夫地是不存在的。可是人们不禁要问，桑尼科夫地真的曾经存在过吗？如果真的存在过，后来怎么又没了呢？如果这块陆地从来就不曾存在过，那么，桑尼科夫看到的那块陆地又在什么地方呢？

到了1947年，苏联极地水文学家斯杰潘诺夫对此又提出了一个新的假设，他认为，桑尼科夫地确实存在过，它是由冰和岩石组成的陆地，后来由于海水昼夜不停地冲刷，才逐渐消失了。

为了证实他的假说，苏联又组织了一支考察队，对传说中的桑尼科夫地所在的那片海区进行了勘察，发现海底有砂黏土和岩石沉积。但这是否就是桑尼科夫地的遗迹还很难说，况且人们至今还不知道那块神秘陆地的土质。

骷髅海岸之谜

在古老的纳米布沙漠和大西洋冷水域之间，有一片白色的沙漠。葡萄牙海员曾把纳米比亚这条绵延的海岸线称为"地狱海岸"。这条500千米长的海岸备受烈日煎熬，显得那么荒凉，却又异常美丽。1859年，瑞典生物学家安迪生来到这里，感到一阵恐惧向他袭来，使他不寒而栗。他大喊："我宁愿死也不要流落到这样的地方。"看来这里被称作"地狱海岸"的确事出有因。从空中俯瞰，地狱海岸是一大片折痕斑驳的金色沙丘，从大西洋向东北延伸到内陆的沙砾平原。沙丘之间闪闪发光的蜃景从沙漠岩石间升起，围绕着这些蜃景的是不断流动的沙丘，在风中发出隆隆的呼啸声，交织成一首奇特的交响曲。

地狱海岸沿岸充满危险，有交错水流、八级大风、令人毛骨悚然的雾海和深海里参差不齐的暗礁，经常令来往船只失事。传说有许多失事船只的幸存者跌跌撞撞爬上了岸，庆幸自己还活着，孰料竟慢慢被风沙折磨至死，骷髅海岸外满布各种沉船残骸。

1933年，一位瑞士飞行员诺尔从开普敦飞往伦敦时，飞机失事，坠落在这个海岸附近。有一位记者指出，诺尔的骸骨终有一天会在"骷髅海岸"找到，骷髅海岸从此得名。可是一直没有发现诺尔的遗体，却给这个海岸留下了名字。

1943年，在这个海岸沙滩上发现12具无头骸骨横卧在一起，附近还有一具儿童骸骨，不远处有一块风雨剥蚀的石板，上面有一段话：

白色美丽的沙滩却暗藏杀机

"我正向北走，前往30千米外的一条河边。如有人看到这段话，照我说的方向走，神会帮助他。"这段话写于1860年。

至今没有人知道遇难者是谁，也不知道他们是怎样遭劫而暴尸海岸的，为什么都掉了头颅。

1942年英国货船"邓尼丁星"号载着21位乘客和85名船员在库内内河以南40千米处触礁沉没。全部乘客，包括3个婴孩，以及42名男船员乘坐汽艇登上了岸。

这次救援是最困难的一次，几乎用了四个星期的时间才找到所有遇难者的尸体和生还船员，并把他们安全送回文明世界。这次救援共派出了两支陆路探险队，从纳米比亚的温德胡克出发，还出动了三架本图拉轰炸机和几艘轮船，其中一艘救援船触礁，三名船员遇难。

神秘的南宋古井

◉ ◉ ◉ ◉ ◉ ◉ ◉

　　1962年夏，在广东省南澳岛的海滩上，一位到海边捞虾的青年发现了一口水井，并在井口四角的石缝中捡到四枚宋代铜钱，分别镌刻着"圣宋元宝""政和通宝""淳熙元宝""嘉定通宝"。这是海滩古井在新中国成立后第一次被发现。据当地渔民回忆，此海滩东以前便有一口古井时隐时现。古井用花岗岩条石砌成，呈正方形，口径约1米，深1.2米。

　　尤其令人惊叹不已的是，古井常常被海浪、海沙淹没，一旦显露，井泉便奔涌不息。尽管四周是又咸又苦的海水，涌出的井水却质地纯净，清甜爽口。于是，便有人探寻这古井的历史来历，才发现古井原来是1277年南宋亡命皇帝到此

圣宋元宝

政和通宝

淳熙元宝

嘉定通宝

避难挖筑的水井。

经有关部门考察分析，发现古井所处的海滩，原是滨海坡地，形成海滩后，古井也就被海沙吞没了。被厚沙覆盖的古井，一般难以被人察觉，但当特大海潮袭来，惊涛骇浪卷走大量沙层，它便会裸露出来。

据有关资料和当地许多人的回忆，几次井露的位置和形状各异，看来古井不止一个。事实上当地也曾传闻，说是当年挖筑过"龙井""虎井""马槽"三口井。根据分析，1981年9月显露的是"马槽"井，现在已由南澳县人民政府列为县级重点文物加以保护。

人们已初步掌握了海滩古井的奥秘。纯净甜淡的井水是渗入地下的雨水汇集在因陆地下沉地势明显降低的海滩。一旦井露，地下水就有了出口，在水位差的压力作用下，就会在井底形成泉涌之势。同时，渗入地下的淡水，在底质为沙的古井内遇上海水，由于沙的孔隙中水质点较为稳定，淡水和咸的海水混合非常缓慢。又因为海水比重稍大于淡水，所以淡水可以"浮"在海水表面，并把海水压成一个凹面，淡水则成一个双凸透镜的形状，称为淡水透镜体。把苦咸的海水倒入古井，隔一会儿，人们汲上来的依然是淡水，因为海水沉入"淡水透镜体"下面去了。

但为什么古井水比当地自来水还纯净，却仍然是个谜。

无底洞之谜

◉ ◉ ◉ ◉ ◉

　　地球上是否真的存在"无底洞"？地球是圆的，由地壳、地幔和地核三层组成，真正的"无底洞"是不应存在的，我们所看到的各种山洞、裂口、裂缝，甚至火山口，也都只是地壳浅部的一种形态。然而我国一些古籍却多次提到海外有个神秘莫测的无底洞。《山海经》记载："东海之外有大壑。"《列子·汤问》："渤海之

隐藏在群峰后神秘的无底洞，没有人知道它通向哪里

东，不知几亿万里，有大壑焉，实唯无底之谷，其下无底，名曰归墟。八绂九野之水，天汉之流，莫水注之，而无增无减焉。"

事实上，地球上确实有这样一个"无底洞"。它位于希腊亚各斯古城的海滨。由于濒临大海，在涨潮时，汹涌的海水便会排山倒海般地涌入洞中。据测，每天流入洞内的海水量达3000万千克。奇怪的是，如此大量的海水灌入洞中，却从来没有把洞灌满。有人怀疑它有一个出口。然而从20世纪30年代以来，人们做了许多努力，企图寻找它的出口，却都是枉费心机。

为了揭开其中的奥秘，1958年美国地理学会派出一支考察队，他们把一种经久不变的深色颜料溶解在海水里。这种颜料随海水灌入"无底洞"中。接着他们又查看了附近海面以及岛屿上的河流、湖泊，满怀希望地去寻找这种带颜色的海水，可结果令他们大失所望。难道是海水量太大把颜料稀释得太淡，以致人们无法发现？

几年后美国人又进行了一种新的试验，他们制造了一种浅玫瑰色的塑料小粒。这是一种比水略轻，能浮在水上不沉底，又不会被水溶解的塑料粒子。试验者把130千克重的这种肩负特殊使命的物质，统统掷入到打旋的海水里。片刻工夫，这些小塑料粒就像一个整体，全部被无底洞吞没。试验者想，只要有一粒在别的地方冒出来，就可以找到"无底洞"的出口了。然而他们在各地水域整整搜寻了一年多时间，仍一无所获。

至今谁也不知道，为什么这里的海水会没完没了地"漏"下去，每天"漏"下去的海水，究竟都流到哪里去了呢？

谁建造了这座天文中心

公元前3100年，那时距现在已有5000多年了。从那时到现在一直存在着一个不解之谜，那就是位于今天英格兰的石圈。

石圈是一片由巨石组成的宏伟建筑。石块的人为分布，形成了一圈一圈越来越大的圆周，圆周与圆周之间留有一定的空隙。石圈的历史可以追溯到公元前3100年前后。可以肯定，当时已有聪明的祭司或天文学家对天象进行过观测。他们已经意识到，月亮、太阳和某些星星在天空中的升降起落遵循着一定的时序。可能是用草绳或者是小石子，他们在土地上把这些天象用记号记录下来。要知道，当时，即5000年前，是没有文字的。最让人惊奇的是，石器时代的建筑规划者已具备抽象思维和科学思维的

能力。对此，人们过去一直没有认识到。

这些石器时代的智者，石圈的规划者到底是谁？还有，他们这样做的目的是什么？难道仅仅是为了确定一年中的历法吗？不，肯定不是。为了确定一年四季，根本不需要如此兴师动众，采用如此巨大的建筑材料。上古时代的建筑者们的真实意图，是凭猜测无论如何也捉摸不透的。早在20年前，教授、博士格哈德·豪金森，一名英国天文学家，在计算机里输入了7140种不同的可能性解释，他想弄清楚这些解释的共性。最后他得出的结论是：石圈的作用仅仅是作为行星和星际天象的观测台。当然也有不同看法，一些学者对教授利用计算机得出的结论提出了批评。事实上，

上述解释中有40种以上不约而同地指出了石圈的天文学含义。

在计算机的辅助下，最后研究者搞清楚了石块的具体方位以及它们的早期放置地点。另外，也弄明白了间隔地带的相对位置和石块的高度。这一切对研究石圈非常有用。令人欣喜的是，学者还获得了一份清晰的计算机三维图像，所有数据都得到了证明。石圈的原貌应该就是三维图像所显示的那样。当然，石圈并不是在公元前3100年一次性建成的，而是分成了若干不同的建筑时期。研究者在计算机上得到的复制结果，只是距今4000年前的建筑原貌。那么，这个天文中心到底说明了什么呢？

每年6月21日，也就是夏至那天，太阳从那块所谓"脚跟石"——一块独立在石圈之外的巨石上升起，穿过那些巨大的石门，变得越来越大，越来越明亮；12月21日，同样的景观将再次出现。人们由此得出这样的结论，似乎太阳在高高升起普照大地之前，在两条石块之间只停留了很短的一瞬间。这里起关键作用的是阳光，包括阳光投射在"脚跟石"上引起的光影变化。月亮也是当时的人们引以为奇的事物，它也照射地球，虽然光线很微弱。月亮有它一定的运行周期，有时运行至夏至点，有时运行至冬至点，有时靠近南回归线，有时靠近北回归线。这些都是可以观察到的。当月亮升起或落下的时候，月光在巨石背面投射的阴影在不断变化。祭司们知道，什么时候出现什么形状的阴影。他们骄傲地向人们宣布，这天或那天将要发生的天象变化，对此，当时的人们惊奇不已。

更令人惊奇的是，当时已有人了解了太阳系的构造：中心是太阳，然后依次是水星、金星、地球以及其他行星。天文学家迈克·桑德斯确信，石圈是一个缩小的太阳系模型。当然，它显示的不是椭圆形轨道，而是平均的轨道距离。最里一圈的中心代表太阳，第二圈环绕的是水星，第三圈是金星，第四圈是地球，再外一圈是火星，接着是火星和土星之间有数十万的石块组成的小行星带。最后，不应忽略的是更外一圈的"脚跟石"，它表

明了木星的平均轨道距离。

这些只是单方面的推测。究竟是谁在古老的岁月向我们传达这样的信息呢？简直无法想象，石器时代的人们能够了解太阳系的平均轨道数据。当时的人类被传授了些什么？俄罗斯地理学家符拉基米尔·秋林·阿维斯基博士猜测，对未来的人类而言，石圈之谜不过相当于一场中学毕业考试。然而直到现在，我们还没弄清楚，是谁在向我们传达这样的信息以及数据后面隐藏的东西。

外星人创造玛雅文明之谜

所有的玛雅文明全笼罩着一层迷，就像是拒绝我们去解析般地闭锁于黑暗之中。的确，到目前为止，已有许多关于9世纪时，玛雅灭亡一事的假设说法。如洪水、地震、飓风等天变地异说；传染病说；因人口膨胀、反复从事火田工作引发农地贫瘠等经济问题说；外敌入侵、都市间的战争、农民叛乱等的社会问题及集体自杀说等不胜枚举，但却没有一种说法有充足的证据让人信服。

因此，我们想就美国的艾力克和哥雷克两兄弟所提倡的"玛雅等于外层空间人起源说"来探索几则玛雅之谜。

艾力克和哥雷克两兄弟提倡玛雅人等于外层空间人说的重要根据是在于玛雅的"卓金历"，是将一年定为260日。亦即，他们认为具有如此高水准天文学的玛雅人，并非是要编造公转周期中毫无根据的"卓金历"，此历是玛雅人用来表明自己的故乡、地球外的行星到此地的历法。如果"卓金历"是玛雅人故乡的行星历法，那么就也可得知这颗行星是什么形态的行星了。

公转周期为260日的行星，应是位于金星和地球中间，且此行星上也十分温暖。故古典期的玛雅人之所以选择地球上酷热的热带雨林居住，也可印证此点。

据他们兄弟所言，外层空间人等于玛雅人，是在数十万年前，为采矿而离开故乡的行星，来到x行星的。但由于x行星发生大事故爆炸，所以才到地球上避难。他们最初住的地方是温暖的南极，但其后因冰河期来临，故移至北方，最后所抵达之处就是中美的密林。

他们所提倡的说法中，有几点能对目前的问题提供解答。如下：

（1）诚如旧时代的文明在那儿兴盛一样，他们故乡的行星供给他们食物，也有宇宙飞船。所以，玛雅族不必居住于肥沃河川的流域。

（2）文明时代的玛雅，因拒绝和当时还原始的地球人相接触。所以虽然建造了深具文化水准的都市，但仍采取封闭的政策。

（3）为了建造都市群，他们也使用当时还未有的种种工艺技术，及利用原住民为其原动力。

（4）大部分被视为"奉献给神的祭品"的宗教仪式，其实是地球人的人体解剖及医学手术。这些祭祀牲品的场面也残留在雕刻及壁画中。

（5）外星人等于玛雅人之所以于9世纪时一起离开地球，是因为墨西哥高原的印第安人发动战争，欲将玛雅文明占为己有。于是玛雅人就将所有的设备、器具放在宇宙飞船上，飞向外层空间。

有一册大概能证明这种说法的书籍，那就是18世纪初，由基督教神父法兰西斯·喜梅奈斯所发现的《波波尔乌夫（瓜地马拉州印第安的起源）》，书中几乎都是记述玛雅人自己的事，是玛雅人自身的神话。这本玛雅的古事记，是用玛雅系奇吉族的语言写成的。若根据此书的记载，那么人类和世界就曾被创造三回，并毁灭三回。而于第四回时，创造了现在的世界和人类，但奇吉族的祖先说其他的民族于传说中的祖先完全不同。他们只要瞑目而视的话，就立即能从近处起一直看到天空和圆形的地表（他们甚至已知道地球是圆的）。

除此之外，他们甚至也能一动也不动地看到在极远处的东西，并予以正确的判断——这是追索玛雅文明之谜的一段假设的说法。

总之，有关在中人迹湮没的热带丛林地带，建造世界最大的超文明，又在不为人知的情况下，消失黄金时代的玛雅人之谜，是太过于深奥了。不知何时才能查明其全貌？

巨石建筑之谜

◉ ◉ ◉ ◉ ◉ ◉

"史前文化，是我们人类本次文明以前的文明，就是在我们这次文明以前还存在着文明时期，而且还不止一次。从出土文物看，都不是一个文明时期的产物。所以认为人类多次文明遭到毁灭性的打击之后，只有少数人活下来了，过着原始生活，又逐渐地繁衍出新的人类，进入新的文明。然后又走向毁灭，再繁衍出新的人类，它就是经过不同的这样一个个周期变化的。"

地球上大量的巨石建筑群证明史前文明的存在。这些巨石建筑特点是非常高大宏伟，用非常庞大的石块砌筑而成，而且拼接得非常完美。而这些巨石要用现代化的机器才能搬运，有的甚至连现代化的工具都无能为力。这些建筑中往往都运用了十分精确的天文知识。建筑

物的三维尺度、角度和某些天体精密对应，蕴涵着很深的内涵。

比如埃及胡夫大金字塔由230万块巨石组成，平均每块重达2.5吨，最大的达250吨。其几何尺寸十分精确，其四个面正对着东南西北，其高度乘以10^9等于地球到太阳的距离，乘以43200恰好等于北极极点到赤道平面的距离，其周长乘以43200恰好等于地球赤道的周长。其选址恰好在地球子午线上，金字塔内的小孔正对着天狼星。另外，法国化学家约瑟夫·大卫杜维斯从化学和显微角度研究，认为金字塔的石头很可能是人工浇筑出来的。

吉萨高原的狮身人面像，正对着东方，根据天文学计算，公元前11000年～公元前8810年左右，地

球上每年春分时太阳正好以狮子座为背景升上东方的天空，此时，狮身人面像正好对着狮子座。根据以上分析，考古学家推测狮身人面像很可能建于一万多年前。

位于南美洲玻利维亚与秘鲁交界处的蒂亚瓦纳科文化遗址，位于海拔4000米左右的高原上，距离的的喀喀湖不远，是由重达几十吨甚至数百吨的巨石严密砌成。考古学家还在巨石的缝隙中发现了一些小金属钉，其作用是固定石头，据推测，这些金属钉是把金属熔化后再倒入凿出来石头模子中制成的。可能最引人注目的还是整块岩石凿成的石门，它矗立在长9米、宽4.5米、厚1.8米的基座上，而基座和门是用同一块岩石雕凿而成的。在蒂亚瓦纳科古城的太阳门上雕刻有1.2万年前灭绝的古生物"居维象亚科"（跟现在的大象类似）和同期灭绝的剑齿兽。太阳门上还雕刻有既繁复又精确的天文历法。在蒂亚瓦纳科遗址挖掘出了大量的海洋生物贝壳、飞鱼化石，显示它过去曾是一个港口，拥有完善的船坞和码头，其中有一座庞大的码头可供数百艘船舶同时装卸货物使用。而建造这座码头所用的石块每块大致在100～150吨之间，最大的达440吨。根据毕生研究蒂亚瓦纳科文化的玻利维亚学者Posnansky教授用天文黄赤交角推算，该古城可能建于1.7万年前。

类似这样的巨石建筑，世界上还有很多。传统观点认为现代人类出现文明最多也不过几千年历史，几千年前的人类还处在刀耕火种、茹毛饮血的原始社会，怎么会有如此高的科技水平呢？几千、几万年前怎么会有如此高度的人类文明呢？显而易见，这些巨石建筑只能归结为史前人类的文明遗迹，它们是人类史前文化的见证。这就证明关于人类史前文明的论述是有科学依据的。

亚特兰蒂斯与史前文明
◉ ◉ ◉ ◉ ◉ ◉ ◉ ◉ ◉ ◉

的传播之谜
◉ ◉ ◉ ◉ ◉

　　一场洪水使得一个具有高度文明的国家顷刻间变得无影无踪。其出处最早见于古希腊哲学家柏拉图的著作《齐麦亚》和《克里齐》中，在柏拉图著作中写道：公元前9600年左右，存在一个名叫亚特兰蒂斯的地方，其陆地面积比小亚细亚与北非之和还要大，这里气候温和，森林茂盛，其文化水平相当发达，这里的人口估计有3000万，这个大陆由于一次特大洪水一夜之间便沉入了海底。这个故事与印第安人记录的那一次1.2万年前的特大洪水不谋而合。

　　我国《藏经》中记载：公元前9564年，在今天的巴哈马群岛、加勒比海以及墨西哥湾处的一片大陆地可能沉入了大西洋。暂且不管写《藏经》的人是怎样知道这件事的，这从时间上与大西洲的传说有着惊人的相似之处。再如有关诺亚

柏拉图

方舟、大禹治水等等传说，都说明在公元前9000年~公元前10000年左右，的确发生过一场全球性的特大洪水，可能毁灭了一个已具有了高度文明的国家。

如果这个文明社会确实曾经存在过的话，那南美与非洲的一些惊人相似的奇迹就极有可能共同来源于亚特兰蒂斯人，其创造奇迹所需的技术亦极可能是亚特兰蒂斯人提供的，可印第安人和多根人所具有的天文学、数学等知识也是由亚特

兰蒂斯传播而来的，大西洲不但将其自己的文明传播给了印第安人和非洲人，而且还充当了南美和非洲之间文化的媒介，它的存在对当时的整个地球文明的发展起着巨大的推动作用，要不是由于那场灾难深重的洪水袭击，说不定目前地球实际文明比现在高得多。

1968年，由迪米特·科比科夫与美国耶鲁大学教授芒松·瓦朗坦领导的考察小组，在巴哈马群岛的北尼米岛一带海底发现巨大石群。

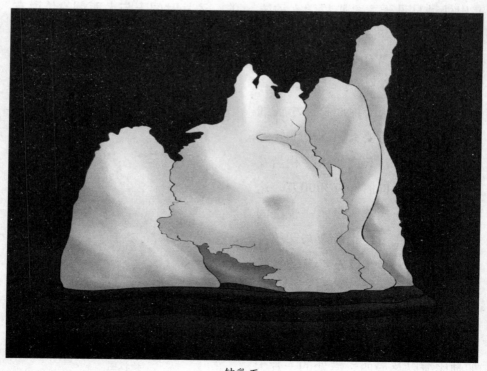

钟乳石

这些石头是被加工过的样子，像是码头、城墙、门洞等。从一些长在这些石块上的树根化石判断，证明它们已经有约1.2万年的历史，这又与大西洲传说有惊人的时间相似性。

地质学的考察也已发现安德罗斯海下存在钟乳石和石笋，这种地貌仅在陆地上有，靠石灰水一滴滴地滴落上千年才能形成。由此再进行科学分析，从而推断出这里在1.2万年前曾是一片陆地，这又给亚特兰蒂斯大陆存在于大西洋中的观点提供了进一步论据。

我们是否可以这样认为，如果没有那场特大洪水的侵袭，现在的地球文明也许已达到了，照现在实际水平算可能要一万年以后人类才能达到的那种文明程度，那我们将有了更加高的科技，但不幸的是，那场大洪水使人类文明几乎倒退了近一万年！

亚特兰蒂斯与史前文明的传播之谜还没有完全揭开，史前文明是不是外星人的帮助呢？一个又一个的问题摆在我们的面前，这其中有的问题在不久的将来终会有一个答案，而有的问题或许永远不会知道它的谜底。

神秘的水下建筑

◉ ◉ ◉ ◉ ◉ ◉ ◉

1958年，美国动物学家范伦
坦博士来到大西洋巴哈马群岛进行
观测研究。范伦坦是个深海潜水好
手，在水下考察时，他意外地在巴

神秘的海面下有着奇怪的建筑物

哈马群岛附近的海底发现了一些奇特的建筑。这些建筑是一些古怪的几何图形——正多边形、圆形、三角形、长方形，还有连绵好几海里的笔直的线条。

10年之后的1968年，范伦坦博士宣布了新的惊人发现：在巴哈马群岛所属的北彼密尼岛附近的海底，发现了长达450米的巨大丁字形结构石墙，这道巨大的石墙是由每块超过一立方米的巨大石块砌成的。石墙还有两个分支，与主墙成直角。范伦坦博士兴奋不已，他继续探测，并很快发现了更加复杂的建筑结构——平台、道路，还有几个码头和一道栈桥。整个建筑遗址好像是一座年代久远的被淹没的港口。

"飞马"鱼雷的发明者，法国工程师兼潜水家海比考夫来到现场，他是水下摄影的高手，用当时最新的技术勘察了这一片海域，并拍下了几张照片。这些照片发表后，在世界上引起了很大轰动。

1974年，一艘苏联考察船也来过这里，并进行了水下摄影和考察，再次证明了这些水下建筑遗址的存在。

很快，巴哈马群岛一带便挤满了从世界各地赶来的科学家、潜水家、新闻记者和探险者。而围绕着这些水下石墙的争论也越来越多。有些地质学家指出，这些石墙不过是较为特别的天然结构，并非人工筑成。但更多的学者认为是人造的。对这些建筑究竟是谁造的这一问题，他们的看法也很不一致。有人认为，巴哈马与玛雅人的故乡尤卡坦半岛相距不远，因此这可能是史前玛雅人的古建筑，由于地壳变动而沉入水下。有人则从巴哈马海域陆地下沉的时间上推算，认为这些水下建筑建成于公元前七八千年间，因此，应该出自南美古城蒂瓦纳科的建造者之手，但蒂瓦纳科的建造者是谁本身就是个谜。

还有一些人说，1945年已故的美国预言家凯斯，在生前曾做过一个预言，宣称亚特兰蒂斯将会于1968年或1969年在北彼密尼岛海域重现，如今范伦坦这个发现，正好印证了凯斯的预言，因此，这里就

是那个在公元之前沉没了的著名的亚特兰蒂斯。

当然更多严肃的科学家们拒绝按预言来判断，但人们又无法做出较为圆满的解释，而只能笼统地回答，这些水下建筑"大概是人造的"，年代"相当久远"。至于到底是谁造的，造于什么时候，至今仍没有人能够回答。

不可理解的海岛石柱

◎　◎　◎　◎　◎　◎　◎　◎　◎

密克罗尼西亚群岛共有500多个岛屿，像一把珍珠，撒在蔚蓝的南太平洋上。其中最大的岛屿名叫波纳佩岛，面积约500平方千米。在波纳佩岛对面，有一个很小很小的小岛，名叫纳玛托岛。

1595年，葡萄牙海军上尉佩德罗·费尔南德斯·德·库伊罗斯乘"圣耶罗尼默号"帆船来到这个小岛，他惊讶地发现，岛上虽然荒无人烟，但却有无数巨型石柱整整齐齐码放在那里，堆成了一座十多米高的石头山。

后来的地质学家和考古学家们到岛上进行了研究，发现这原来是一处远古时代的建筑废墟。这些石柱是加工过的玄武岩柱，由冷却的火山熔岩凝成，每根重达数吨。瑞士人冯·丹尼肯试着数过这些石柱，堆砌起来的石山共由4328根石柱组成。连同各处地上散乱的石柱、若干墓室和一道860米长的石柱围墙，总计纳玛托岛上的古建筑废墟共用了约40万根石柱。

岛上的建筑没有浮雕，没有装饰，没有南太平洋建筑常见的繁丽花纹，只有数不完的玄武岩石柱和交错纵横的运河水道。这是一座什么建筑呢？

更令人不解的是，纳马托岛本身并不产这种玄武岩，石柱是从波纳佩岛运来的。两处距离虽不远，但只有水路通航。人们认为是用当地一种叫作卡塔玛兰斯的独木舟来运输的。这种独木舟一次只能运一根石柱。有人计算了一下，如果一天运4根，一年才能运1460根。照这样计算，波纳佩的岛民要工作

296年，才能把40万根石柱统统运到纳玛托岛。

波纳佩土著人把纳玛托遗址叫作"圣鸽神庙"。传说300年前，一只鸽子驾船穿过水道来到这里。在鸽子来到之前，岛上的统治者是一条喷火的巨龙，它吹一口气就挖好了运河，石柱也是它从邻岛运到这里的。

传说或许有过多的神话色彩，但究竟是谁建造了纳玛托岛上的石柱建筑？太平洋岛民慵懒、散漫而自足，这样一个巨大的工程，以他们来说，没有特殊的动力是难以想象的。

更令人难以理解的是，岛上的建筑显然并未完工，留下一部分城墙还没来得及造好，由于某种原因突然被放弃了。散乱的石柱扔得到处都是。

到底是谁在这个岛上建造了这奇怪的建筑？它是什么时候建造的，又有什么用途？为什么尚未完工又被突然放弃了？纳玛托岛的石柱，无疑又是一个不解之谜。

失踪的大西国之谜

相传，在深深的大西洋洋底，有一个沉没的国家，据说那就是大西国。

最早记载大西国的人是希腊大哲学家柏拉图。在他的著作《克里齐》里，柏拉图说，大西国原来是全世界的文明中心。这个国家比利比亚和小亚细亚加在一起还要大，它的势力一直延伸到埃及和第勒尼安海。

后来，大西国对埃及、希腊和地中海沿岸所有其他民族都发动过战争。一次，大西国对雅典发动了战争，雅典人进行了殊死的抵抗，将大西国的军队击退。不久，一场大地震使大西国沉没于波涛之中。

大西国的创始人是波塞冬。波塞冬娶了一位美丽的姑娘克莱托为妻。她为波塞冬生了10个儿子。波塞冬把大西国分成10个部分交给他的10个儿子分别掌管。他们就是大西国最初的10名摄政王。波塞冬的长子阿特拉斯是大西国王位的继承者。最初的10名摄政王曾相约，彼此决不互动干戈，一方有难，各方支援。

大西国海岸绵长、高山秀丽、平原辽阔。大西国天然资源丰富，农作物一年可收获两次。人民大多依靠种地、开采金银等贵金属和驯养野兽为生。在城市和野外，到处是鲜花，大西国的许多人也靠提炼香水生活。

在大西国的城市中，人口稠密，热闹非常。城中遍布花园，到处是用红、白、黑三种颜色大理石盖起来的寺庙、圆形剧场、斗兽场、公共浴池等高大的建筑物。码头上，船来船往，许多国家的商人都同大西国进行贸易。

大西国沉没的时间，根据柏拉图在另外一本书中所记载的说法推算，大约是11150年前。

如果柏拉图所说的确有其事，那么早在12000年前，人类就已经创造了文明。但这个大西国它在哪里呢？

1968年的某一天，巴哈马群岛的比米尼岛附近的大西洋洋面上一片平静，海水像透亮的玻璃，一望到底。几名潜水员坐小船返回比米尼岛途中，有人突然惊叫了起来："海底有条大路！"几个潜水员不约而同地向下看去，果然是一条用巨石铺设的大路躺在海底。这是一条用长方形和多边形的平面石头砌成的大道，石头的大小和厚度不一，但排列整齐，轮廓鲜明。这是不是大西国的驿道呢？

20世纪70年代初，一群科学研究人员来到了大西洋的亚速尔群岛附近。他们从800米深的海底取出了岩芯，经过科学鉴定，这个地方在12000年前，确实是一片陆地。用现代科学技术推导出来的结论，竟然同柏拉图的描述如此惊人的一致！这里是不是大西国沉没的地方呢？

1974年，苏联的一艘海洋考察船在大西洋下拍摄了8张照片——共同构成了一座宏大的古代人工建筑！这是不是大西国人建造的呢？

1979年，美国和法国的一些科学家使用十分先进的仪器，在百慕大"魔鬼三角"海底发现了金字塔！塔底边长约300米，高约200米，塔尖离洋面仅100米，比埃及的金字塔大得多。塔下部有两个巨大的洞穴，海水以惊人的速度从洞底流过。

这大金字塔是不是大西国人修筑的呢？大西国军队曾征服过埃及，是不是大西国人将金字塔文明带到了埃及？美洲也有金字塔，是来源于埃及，还是来源于大西国？

1985年，两位挪威水手在"魔鬼三角"海区之下发现了一座古城。在他们拍摄的照片上，有平原、纵横的大路和街道、圆顶房屋、角斗场、寺院、河床……他们说："绝对不要怀疑，我们发现的是大西国！和柏拉图描绘得一模一样！"这是真的吗？遗憾的是，"海底金字塔"是用仪器在海面上探测到的，迄今还没有一位科学家能确证它究竟是不是一座真正的人工建筑物，因为它也可能就是一座角锥状的水下山峰。苏联人拍下来的海底古建筑遗址照片，目前也没有人可以证实它就是大西国的遗址。

比米尼岛大西洋底下的石路，据说后来有科学家曾经潜入洋底，在"石路"上采回标本进行过化验和分析。结果表明，这些"石路"距今还不到一万年。如果这条路是大西国人修造的话，它至少不应该少于一万年。至于那两个挪威水手的照片，至今也无法验证。

唯一可以得到的正确结论是，在大西洋底确实有一块沉没的陆地。

所以，如果大西洋上确实存在过大西国，大西国确实像传说那样，沉没在大西洋底，那么，在大西洋底就一定能找到大西国的遗迹。

遗憾的是，至今还没有任何一个考古学家宣布说，他已经在大西洋底发现了大西国的遗物。所以直到今天，大西国依然是一个千古之谜。

楼兰古城之谜

◉　◉　◉　◉　◉　◉

到新疆，对一个探险旅游者来说，有一处地方是充满吸引力的。那就是一个被称为"沙漠中的庞贝"的神秘古城——西域古国楼兰。

这里悠久的历史、天方夜谭似的传说故事是多么令人神往；它神秘地在地球上消失，又意外地出现，引起多少人的兴趣。许多中外游人和探险家都不辞劳苦地沿着丝绸之路向西进发，去目睹这座历史文化名城——古楼兰。1979年1月，我国已故科学家彭加木就曾从孔雀河北岸出发，徒步穿过荒漠到达楼兰遗址考察。

楼兰在历史上是丝绸之路上的一个枢纽，中西方贸易的一个重要中心。司马迁在《史记》中曾记载："楼兰，姑师邑有城郭，临盐泽。"这是文献上第一次记载楼兰城。西汉时，楼兰的人口总共有14000多人，商旅云集，市场热闹，还有整齐的街道，雄伟的佛寺、宝塔。然而当时匈奴势力强大，楼兰一度被他们所控制，他们攻杀汉朝使者，劫掠商人。汉武帝曾发兵破之，俘虏楼兰王，迫其附汉，但是楼兰又听从匈奴的反间之计，屡次拦杀汉朝官吏，汉昭帝元凤四年（公元前77），大将军霍光派遣傅介子领几名勇士前往楼兰，设计杀死了楼兰王尝归，立尝归的弟弟为王，并改国名为鄯善，将都城南迁。但是汉朝并没有放松对楼兰的管理，"设都护、置军侯、开井渠、屯田积谷"，楼兰仍很兴旺。

东晋后，中原群雄割据，混战不休，无暇顾西域，楼兰逐渐与中原失去联系。到了唐代，中原地区强盛，唐朝与吐蕃又在楼兰多次兵戎相见。"五月天山雪，无花只有寒。笛中闻折柳，春色未曾看。晓战随金鼓，宵眠抱玉鞍，原将腰下剑，直为斩楼兰。"（李白《塞下曲》）"清海长云暗雪山，孤城遥望玉门关。黄沙百战穿金甲，不破楼兰终不还。"（王昌龄《从军行》）可见，楼兰在唐朝还是边陲重镇。然而，不知在什么年代，这个繁荣一时的城镇神秘地消失了。楼兰古国究竟在何方呢？成了人们猜了若干世纪的不解之谜。

1900年3月，著名瑞典探险家斯文赫定带领一支探险队到新疆探险，他们在沙漠中艰难行进。我国维吾尔族人爱克迪返回原路寻找丢失的铁斧，遇到了沙漠狂风，意外地发现沙子下面一座古代的城堡。他把这发现告诉了斯文赫定。第二年斯文赫定抵达这神秘城堡，发掘了不少文物，经研究后断定，这座古城就是消失多时的古楼兰城。

楼兰城从沙丘下被人发现了，但一个更大的谜困惑着探险家们：繁华多时的楼兰城为什么销声匿迹，绿洲变成沙漠、戈壁，沙进城

埋呢？

1878年，俄国探险家普尔热瓦尔斯基考察了罗布泊，发现中国地图上标出的罗布泊的位置是错误的，它不是在库鲁克塔格山南麓，而是在阿尔金山山麓。当年普尔热瓦尔斯基曾洗过澡的罗布泊湖水涟漪，野鸟成群，而今却成了一片荒漠、盐泽。也就是说，罗布泊是个移动性的湖泊，它实际的位置在地图位置以南2°纬度的地方。

普尔热瓦尔斯基部分解开了这个谜。1979年和1980年，新疆科学工作者对古楼兰遗址进行了几次详细考察，终于揭开了这个被风沙湮没1600多年的"沙中庞贝"之谜，使人看到了它的本来面目……

楼兰古城的确切地理位置在东经89°55′22″，北纬40°29′55″。它占地面积为十万八千多平方米。城东、城西残留的城墙，高约4米，宽约8米。城墙用黄土夯筑；居民区院墙，是将芦苇扎成束或把柳条编织起来，抹上黏土。全是木造房屋，胡杨木的柱子，房屋的门、窗仍清晰可辨；城中心有唯一的土建筑，墙厚1.1米，残高2米，

坐北朝南，似为古楼兰统治者的住所；城东的土丘原是居民们拜佛的佛塔。

罗布泊怎会游移呢？科学家们认为，除了地壳活动的因素外，最大的原因是河床中堆积了大量的泥沙而造成的。塔里木河和孔雀河中的泥沙汇聚在罗布泊的河口，天长日久，泥沙越积越多，淤塞了河道，塔里木河和孔雀河便另觅新道，流向低洼处，形成新湖。而旧湖在炎热的气候中，逐渐蒸发，成为沙漠。水是楼兰城的万物生命之源。罗布泊湖水的北移，使楼兰城水源枯竭，树木枯死，市民皆弃城出走，留下死城一座，在肆虐的沙漠风暴中，楼兰终于被沙丘湮没了。

楼兰的消失跟人们破坏大自然的生态平衡也有关系。楼兰地处丝绸之路的要冲，汉、匈奴及其他游牧国家，经常在楼兰国土上挑起战争；为了本国的利益过度垦种，使水利设施、良好的植被受到严重破坏，"公元3世纪后，流入罗布泊的塔里木河下游河床被风沙淤塞，在今尉犁东南改道南流"，致使楼兰"城郭岿然，人烟断绝""国久空旷，城皆荒芜"。

但是这看似天衣无缝的解释，也并不完全被人们接受，如楼兰人搬去何处？除此之外，有人说楼兰的灭亡还缘于一场瘟疫，或生态环境的破坏，是因为"太阳墓葬"，大量的树木被砍伐等。楼兰古国消失的真相到底是怎样的，恐怕还需要进一步考查与确定。

印度河文明之谜

◎　◎　◎　◎　◎　◎　◎

印度河是世界上著名的河流之一。但在18世纪之前，人们根本没有想到这条藏身于沙漠，人迹罕见的河流曾有过堪与古埃及相媲美的璀璨昨天。而且与其他古代文明相比，完全是史无前例的。

印度河文明最早引起人们注意是18世纪哈拉巴遗址的发掘。在这里发现了大都市残址。19世纪中叶，印度考古局长康宁翰第二次到哈巴拉时，发掘出一个奇特的印章，但他认为这不过是个外来物品，只写了个简单的报告，此后50年，再也无人注意这个遗址了。不出所料，以含哈拉巴在内的旁遮普一带为中心，东西达1600千米，南北1400千米的地域内，发现了属于同一文明的大量遗址。这个发现震动了考古学界，因为涵盖范围如此之大的古文明在世界上可以说是独一无二的。

1922年，一个偶然的机会，使人们发现了位于哈拉巴以南600千米处的马亨佐达摩遗迹，这里出土的物品与哈拉巴出土的相似，人们才想起了50年前哈拉巴出土的印章，考古学家开始注意这两个遗址间的广大地区。这些遗址位于印度河流域，所以被称为印度河文明。据考证，遗址始建于5000年以前甚至更早的年代。然而令人激动的还不仅是它的面积和年代。不久，人们就发现虽然这些遗址属于同一文明，但生活水平并不一样，这是什么原因呢？

对哈拉巴出土的印度印章进行研究的结果令人大失所望，没有人能释读印章上的文字。文字是一个国家文明的水准，有文字的印章可能在政治、经济活动中担任重要角色。而且印章只在马亨佐达摩和哈拉巴有出土，于是专家们推断，马亨佐达摩与哈拉巴都是都市，这就可以解释为什么处于同一文明的人生活水准不一样，当然这只是推测。

为了进一步证实马亨佐达摩和哈拉巴的都市性质，考古学家对马亨佐达摩进行了最广泛的发掘。马亨佐达摩面积约100平方千米，分西侧的城堡和东侧的广大市街区。西侧的城堡建筑在高达10米的地基上，城堡内有砖砌的大谷仓和被称为"大浴池"的净身用建筑等，其中最令人惊讶的是谷仓的庞大，这似乎显示了这个城市当时的富足。不过装满大谷仓的谷物是怎样征集来的呢？

市区有四通八达的街道，东西走向和南北走向的各宽十余米，市民的住房家家有井和庭院，房屋的建材是烧制过的砖块。如果不是亲眼所见，这是难以置信的，因为在其他古代文明中，砖块只用于王宫及神殿的建筑。最令考古学家惊异的是完整的排水系统。其完善程度就连现今世界上数一数二的现代都市也未必能够达到。二楼冲洗式厕所的水可经由墙壁中的土管排至下水道，有的人家还有经高楼倾倒垃圾的垃圾管道。从各家流出的污水在屋外蓄水槽内沉淀污物后，再流入犹如暗渠的地下水道，地下水道纵横交错，遍布整个城市。面对如此密集的地下水道，人们瞠目结舌。住宅区各处均设有岗哨。从挖掘结果看，这是一个十分注重市民生活公共设施的城市，这是一个什么形态的社会呢？为什么它没有宫殿，所有的住房水准又都一样？为什么完全不同于宫殿、神殿林立的古印加、美索不达米亚及国王、法老陵密布、贫富悬殊的埃及呢？除了完善的公共设施之外，还有不少通向印度河乃至阿拉伯海的港埠，这是国内外广泛而积极的经济活动的表现。这所有的一切出于何人的规划？可以说这个设计师具有现代化的头脑。另外，整个马亨佐达摩没有防御系统和攻击武器，也没有精美夺目的艺术作品，这也是已知古代文明中的唯一先例。

这些城市的统治者是什么人？考古学家按照惯例首先在马亨佐达摩寻找王宫和神殿，结果一无所获。这又提出一个问题：是什么人，用什么样的方法统治这块辽阔的国土？而且马亨佐达摩和哈拉巴有着完全相同的城市建设，难道它们都是首都？因为没有神殿，能不能用其他古文明中的例子——古印加、美索不达米亚、古埃及的国王同时兼任法老或祭司王来推测统治者呢？所有遗址中确实没有发现有祭司王统治的痕迹，难道5000多年前的印度河文明已经废弃了君主制？这么大的国土不可能没有统治者，考古学家又仔细研究第一块和以后出土的印章，但经过一个世纪的努力，印章上的字还是无法读解。那么，它是否是一种权力的象征？如果是，这两个城市为什么又没有神殿和宫殿呢？

因为有一小部分印章上刻有神象，于是有人推测，这可能是宗教遗物。但也有人反驳说，这完全是家族或个人的保存品，不能说明整个国家具有宗教性质，况且出土的近30000枚印章，有神像的只是很小部分。谜团越来越多。有人认为只要能够释读印章上的文字，就可以解释这个文明的来龙去脉。其实，

文字固然可以使人了解整个文明的起源和衰落，大多数考古学家认为必须从多方面研究，以触类旁通。

究竟是什么人创造了这个文明，开始人们曾误以为是受其他文明的影响发展起来的，但是进一步考古发现，无论是文字还是印章都是其他地方看不到的，而且出土人类骨鉴定也表明这里的人融混了许多人种的要素，不是现在已知的某个特定民族。

这些都是什么人呢？印度河文明是怎样被废弃的？后者可以从马亨佐达摩出土的人骨上找到一些线索。这里出土的人骨，都是在十分奇异的状态下死亡的，换言之，死亡的人并非埋葬在墓中。考古学家发现这些人是猝死的，在通常的古文明遗址中，除非发生过地震和火山爆发，否则不会有猝死的人。马亨佐达摩没有发生过上述两件事，人骨都是在居室内被发现的，有不少居室遗体成堆地倒着，惨不忍睹。最引人注目的是，有的遗体用双手盖住脸呈现出保护自己的样子。如果不是火山爆发和地震，那是一种什么样的恐怖令这些人瞬间死去呢？

这在很长时间内是一个谜，考古学家们提出了流行病、袭击、集体自杀等假说，但均被推翻了。无论是流行病还是集体自杀，都不能解释"一瞬间"死去。为了解开这个谜团，印度考古学家卡哈对出土的人骨进行了详细的化学分析。卡哈博士的报告说："我在9具白骨中发现均有高温加热的痕迹……不用说这当然不是火葬，也没有火灾的迹象。"是什么异常的高温使马亨佐达摩的居民猝死呢？

人们想起了一些科学家推断的远古时代曾在世界不少地方发生的核战争。马亨佐达摩遗址与古代假想中的核战争有无关系呢？事实上，印亚大陆是史诗神话中经常传诵的古代核战争的战场。公元前3000年的大叙事诗《马哈巴拉德》中记叙的战争景象一如广岛原子弹爆炸后之惨景，提到的武器连现代化武器也无法比拟。更重要的是如此毛骨悚然的惨痛记忆留传至今，是非1945年"广岛"事件所能相提并论的。

另一首叙事诗《拉马亚那》描述了几十万大军瞬间完全被毁灭的景象。诗中有一点值得注意：大决战的场地是被称为"兰卡"的城市，而"兰卡"正是当地人对马亨佐达摩的称呼。据当地人说：1947年印巴分治后属巴基斯坦而被禁止发掘的马亨佐达摩，有不少似广岛核爆炸后遗留下来的"玻璃建筑"——托立尼提物质。即世界上第一颗原子弹在美国托立尼提沙漠中试爆量，沙因高温凝固成的玻璃状物质。答案似乎出来了。但推断毕竟是推断，虽然科学家越来越相信地球上出现过数次文明并被毁灭，但在最终结论以前，要人们信服马亨佐达摩的遗弃与核战争有关还为时过早。

有人认为，印度河文明与其他文明是同时崛起并存的。是不是可以说，印度河文明发展之初，受到过外来文明的影响，并在漫长的历史长河中孕育出独特的高度文明。

还有人提出，印度河文明是多种文化融合的结果，众说纷纭。有一点可以肯定，印度河文明的特殊性和神奇性，使其过去、现在都为人类历史的发展奉献着无法取代的财富，它不仅是印度文化的源头，也是人类文明史的重要一环，揭开它的谜底是今人的重任。

令人困惑的埃及金字塔之谜

◉　◉　◉　◉　◉　◉　◉　◉　◉　◉　◉　◉

　　在世界七大奇迹中，金字塔位居第一。迄今为止，我们对金字塔的了解无非是种种猜测。

　　早期的金字塔是阶梯状的，如奇阿普斯和哈夫拉金字塔，只是外面有一层平整的抹面材料。这种阶梯状建筑的原意可能是给已故的统治者送一部升入天国的阶梯。还有一种推测，认为金字塔的功能不仅是当墓穴，在统治者健在时还起礼仪建筑的作用。当初，在未完工的金字塔前，都要建一座小型宫殿，统治者在位33年及此后每隔3年都要在那里庆祝法老的生辰。法老在庆典中，要向近臣证明，他是一位英明的君主、勇敢的军人和生殖功能非凡的男子。

　　有的研究专家认为，金字塔的石块蕴藏着一套相互有内在联系的数字、尺寸、重量、角度、温度、方位、几何题和宇宙信息的密码。还有些人认为，它是太阳观象台。第三类研究专家认为，金字塔对生物和非生物有一种物理作用。有人甚至借此赚钱。加利福尼亚有一个商人做了许多小金字塔，说它有积聚能量的作用。在他的模型金字塔里，牧草幼苗长得快，狗待了几天会习惯于素食。牙科医生在手术椅上挂72只小金字塔，病人疼痛感减轻，伤口愈合快。罗马尼亚利用金字塔形装置为水杀菌。有人发现，在金字塔形建筑中，爱哭闹的儿童会很快平静下来，病人睡眠安稳，妇女经期出血量减少，人们头脑清醒，性功能改善。

　　当初，考古学家首次打开奇阿普斯法老的棺椁时，只发现一尊小

雕像，没有木乃伊，大失所望。在埃及考古史上，只发现了18岁英年早逝的图坦卡蒙的木乃伊。古王国其余各位法老的干尸迄今未找到。况且，棺椁里当初是否存在过木乃伊都大成问题。埃及文化素以神秘著称，法老死后应升天国，故祭司就悄悄地把他的遗体移葬别处。可为这种推测提供佐证的是，考古学家在尼罗河畔的一个洞里发现，那儿保存着新王国期间几乎所有法老的木乃伊，20具干尸像劈柴一样堆在一起，而他们的棺椁是空的。

古话说，时间惧怕金字塔。今天对这句话是否正确，产生了疑问。埃及地方当局现在不仅不让观光客进入金字塔和到狮身人面像跟前，连学者都被挡驾。由于年深日久，奇阿普斯金字塔的尖顶早已磨掉，形成了一个面积不下10平方米的小平台。

埃及人已不准外国科学家自己动手挖掘，当地形成了专门从事考古发掘的世家。当地督察还盯着外国科学家，不让他们把发现的东西带出国境。

神秘的托素湖畔远古文明

位于青海省藏族自治州德令哈市60多千米的戈壁上镶嵌着两颗蓝宝石般的高原湖泊——可鲁克湖和托素湖。这对一大一小的姊妹湖，美丽恬静，是大自然赐予青海高原的两面熠熠闪亮的巨大宝镜。

可鲁克是蒙古语，意谓"多草的芨芨滩"。可鲁克湖是一个外泄湖，发源于德令哈北部山中的巴音河直通湖中，回旋之后，从南面的低洼处，泄入与它相通的另一个湖泊托素湖。

托素湖在蒙古语中意谓"酥油湖"，在可鲁克湖的西南部。巴音河水贯通两湖，其中，托素湖是可鲁克湖的3倍之大，面积180多平方千米，系高原咸水湖泊。湖面烟波浩渺，水天一色，蔚为壮观，天气变幻时，湖水汹涌，浪涛拍岸，动人心魄，湖心有岛，是候鸟的乐园。

每年春季，数以万计的黑颈鹤、斑头雁、棕头鸥、白天鹅集聚岛上，欢乐的鸣叫震耳欲聋，声达数千米，成了这里的一道自然景观。湖面偶尔出现的海市蜃楼，令人心驰神往，飘飘欲仙。傍湖是连绵远去的高大山包，光秃秃的，一片青灰色，紧靠湖岸有一山，上尖下圆，高约200米，形似金字塔。山下有3洞，其中左边两洞已被流沙掩埋，只有右边一洞高约5米左右，洞宽3米，纵深10米有余。山系砂岩，洞无人工雕凿痕迹，亦非溶洞。沿内偏左，有一管状物，口径约20厘米，锈迹斑驳，呈紫黑色，一触即碎，下通山体底层，上达半山之腰，洞外两侧数米高处，几根管状物突兀山坡。挖去积沙，冒险钻入被掩埋的两洞之中，里面亦有管状物直通上下，且从山体伸出洞外。

离开洞口，沿着一片满是大石块的陡坡到托素湖畔，到处可见神秘的管状物，粗细、造型各异。粗者如水桶，细者仅及竹箸；造型或直或曲或呈纺锤状，分布面积约为1平方千米。从高处详细察看，管状物分布的区域似以全石为底、人工浇筑的水利工程。蛛丝般的管状物伸入托素湖水中，映入眼帘的确是一座十分先进的大型"水利工程"。伴随着管状物裸露在外的，还有许多造型奇特的石块，虽然经过风蚀水冲，失去了棱角，但石块上的造型线仍依稀可辨，很像修筑"水利工程"的原料。巨大的托素湖"水利工程"是谁营造在这里的？在这人迹罕至的茫茫戈壁上建造这样巨大的"水利工程"究竟有什么用途？至今无人知晓。

在久远的地质年代这里曾经是一片汪洋大海，后来随着地球板块漂移，这里的海水才逐渐退去，出现了陆地，近数万年以前，这里才形成了柴达木盆地。然而，柴达木盆地中出现人类的活动不过是几千年的事。据考古发掘表明，这里在2800年前已有了人类的活动，相当于西周时期。柴达木盆地中的诺木洪文化堆积层中的冶铜残存物，是柴达木盆地迄今为止出现的最早远古文明的遗迹。若以当时的冶铜技术和冶铜规模建造托素湖的"水利工程"，只能是昆仑神话传说。其后，虽然迁青海的鲜卑族的一支吐谷浑曾在柴达木盆地建立过长达3000年之久的百兰政权，但就吐谷浑简陋的手工技术，建造巨大的托素湖"水利工程"是不可想象的。即便是经济发达的内地，也未发现有诸如此类的远古文明的历史记载，至于外域文明的输入，则更是无稽之谈。近百年来，柴达木盆地只留下了一些外国探险者的足迹，以及柴达木盆地留给他们的心有余悸的可怕回忆。

青海省锡铁山矿务局的专家曾对托素湖的管状物进行了化验分析，结论是管状物确系金属：其中氧化铁占30%以上，二氧化硅和碳酸钙占60%以上，另外，尚有7%～8%的不明化学元素。这些都表明管状物不是自然形成的，而是沉寂在托素湖畔的远古文明的遗留物。